U0624129

KUWEI
酷威文化
图书 影视

所谓逆商高，就是心态好

李腾 —— 著

ADVERSITY
QUOTIENT

江苏凤凰文艺出版社
JIANGSU PHOENIX LITERATURE AND
ART PUBLISHING, LTD

目 录

CONTENTS

第一章

逆商，找到你管理人生的阶段方向

第一节

逆商——
比情商和智商更重要

大家都知道智商和情商这两个耳熟能详的词，但可能对"逆商"这个词的理解会有些陌生。接下来，就让我们一起分析一下智商、情商和逆商的概念。

IQ（智商）、EQ（情商）和 AQ（逆商）并称 3Q，是人们获取成功的不二法门，有专家甚至断言：在通往成功的路上，逆商的比重远远高于情商和智商。因此，智商、情商和逆商在我们现今的生活中极其重要。智商高的人，通常有过人的才能，走到哪里都是显眼的；情商高的人，往往在复杂的人际关系中如鱼得水，既能让别人觉得舒服，也能让自己感到轻松；逆商高的人，往往能够清楚地认识到自己陷入逆境的原因，并甘愿承担自己的一切责任，能够在逆境中及时地采取有效行动，痛定思痛，在跌倒处再次爬起来。只有知道了这些概念，你才可能去熟悉它们，只有熟悉了，才有可能去提高它们。最怕的就是你听到了，就以为自己明白了；知道了，就以为自己做到了；心动了，就以为自己行动了。

先说智商，智商在心理学中称作"智力商数"，代表一个人认识客观事物和解决问题的能力。智商和情商有很大的不同，智商主要反映人的认知能力、思维能力、语言能力、观察能力和计算能力等。也就是说，它主要表现为人的理性能力。

再说情商，情商主要反映一个人感受、理解、运用、表达、控制和调节自己情感的能力，以及处理人际关系的能力。它主要表现为人的感性能力。

情感是非理性的，往往走在理性的前面。如果说智商是成功的基础，那么情商就是走向成功极其重要的因素。

情商可以分为五个方面：自我认知、自我调整负面情绪、自我激励、感同身受的能力、人际关系处理。其中"自我认知"指的是知道自己有什么、想要什么以及能做到什么程度。"自我调整负面情绪"是指能调控自己的心态，知道如何表达情绪；"自我调整负面情绪"可以通过后天训练，比如说，我一般会通过抄写字句或者听歌的方式调整负面情绪，感知情绪从来到去的变化。"自我激励"是指自己根据目标去调动、指挥情绪的能力。"感同身受的能力"是与他人交往的基础，帮自己理解感知他人的意图、情感。最后一个方面，"人际关系处理"是指调控自己与他人情绪反应的技巧。

提到高情商，我们很容易想到一个人——蔡康永，一个有着"高情商""会说话"标签的男人。蔡康永30岁之前所认为的高情商就是"能够让别人舒服，如沐春风的感觉"，但现在他不那么认为了。人的认知都是在动态变化的，蔡康永30岁之后悟出了另一种观念，他认为："所谓高情商，不是迎合别人，而是做自己。"

蔡康永30岁之前的情商观念是让别人感到舒服。那样代表着单方面地给予，如果把握不好分寸的话，可能会为了让别人感到舒服而一味地迎合别人，甚至讨好别人，直至迷失自己。所以，他30岁之后的情商观念变成了为自己而活。每个人都该为自己而活，但残酷的是，每个人最有兴趣又最没把握的事情，就是做自己。我们一生都在寻找"自己"，一生都在找能让自己内心宁静的方法，因为我们不想辜负任何人，更不想辜负自己。人际关系是我们每天都要面对的复杂问题，情商的高低决定了我们处理情感问题的方法。如果注重自己的日常言行，很多家庭矛盾和生活纠纷根本不会发生，虽然这样会很累，但是等到出了问题、无计可施的时候只会更累。小病不治，熬成大病必定无力回天。不过，谁都不可能做到面面俱到，我们总是不想辜负任何人，却辜负了很多人。

最后说逆商，逆商的全称为"逆境商数"。逆商是指人应对逆境的反应方式，即抵御逆境和战胜逆境的能力。人的一生会面临各种各样的问题，高考会改变命运，可是你考砸了；升职可以得到高薪，可是你竞争失败了；某个人会给你其他人给不了的温暖，可是这个人拒绝了你……这时候，你的态度是什么？是萎靡、沮丧，还是一蹶不振，抑或是整理好心情继续生活？你应该如何面对生活的窘迫、工作的失意、学业的压力和爱而不得呢？

逆商高的人会更容易面对生活中逆境的考验，并处理它们，因为他们知道自己为什么而活；而逆商低的人面对这些考验可能会一蹶不振，一直颓废下去。颓废太简单了，没有任何成本。而那些面对逆境依旧热爱生活的人才能真正活出自我。

在这世上或许会有人一帆风顺，从来没有经历过挫折，但你还得明白，那样的人生不是人人都能遇到。

在提高逆商的过程中，你会收获很多看起来平常，但其实极其珍贵的品格，如勇敢、坚韧、无畏，以及掌握如何在悲伤时控制住自己情绪的方法……

在大众创业万众创新的热潮中，很多大学生加入了创业的队伍。大量资料显示，大学生创业成功与否，不仅取决于其是否拥有强烈的创业意识、娴熟的专业技能和优秀的管理才华，还取决于其是否具有面对挫折、摆脱困境和超越困难的能力。有些能力是在学校获得的，如理论知识和实验技巧。但是，那些综合素质，如读写能力、逻辑能力、批判性思维、独立思考能力，却很少能在课本上学到。

你拼命地学习一百米冲刺，但是没有人教过你：跌倒时，你怎样跌得有尊严？膝盖磕得血肉模糊时，你怎么清洗伤口，怎么包扎？痛得无法忍受时，你用什么样的表情面对别人？一头栽下时，你怎么治疗内心淌血的疼痛？心像玻璃一样碎了一地时，你怎么收拾？……怎样的勇敢才真正有用？怎样的智慧才能够渡过难关？跌倒，如何才可以变成远行的力量？失败，为何往往是人生的修行？关于这些，我们都没有学过。

这些不是学校能教给我们的，课本里的知识不能替我们抵御和战胜逆境，只能让我们以独立的思维，怀着战胜逆境的决心，自己去探索解决问题的方法。

运动员武大靖说过："逆境——就是给你机会，用实力让所有人闭嘴。"

英国生物学家达尔文说过："那些能够幸存的物种，不是最强的，而是最能够适应变化的。"

每个人应对逆境的方式决定了他们接下来的命运走向。有人说，智商不足难以取得成功；有人说，情商不够无法在社会中生存。其实，相较于情商和智商，决定你一生的，是你的逆商，是你摆脱逆境和解决困难的能力。

第二节

影响逆商的四个因素

这是最好的时代，也是最坏的时代。

对于勤劳者来说，这是最好的时代；对于懒惰者来说，这是最坏的时代。

对于逆商高的人来说，这是最好的时代；对于逆商低的人来说，这是最坏的时代。

人的一生都要经历逆境，如高考成绩不如意、恋爱不顺心、大学毕业后找不到工作……每一个人生阶段都需要经历很多挫折。我曾经看过一幅漫画，漫画描绘了理想中我们到达成功的道路应该是两点之间最短的那条线段；但现实中这条路，有时是规则的抛物线，有时是难懂的函数图形，有时是一团乱麻。

这些曲折漫长的路线，才是我们真正要走的。我们能做的，只能是披荆斩棘，在最难走的路上杀出重围。

既然我们终究要面临逆境，那么就勇敢一点。天漏了，自己炼石来补；洪水来了，自己挖河疏渠；疾病流行，自己试药来治。东海要淹没大地，就把东海填平；太阳要炙烤人间，就把太阳射下来。

每个人都希望自己能涅槃重生，但是大多数人却做不到。因为大多数人没有勇气去改变、突破之前的自己。曾经的我们怀着少年心气希望改变世界，改变这个不如我所愿的世界。我们不断地逼自己学习，让自己获取信息，不断地输出自己的观点，让别人听到我们的声音。可是到头来，我们突然明白：不是我在改变着世界，而是世界在改变着我。历尽沧桑之后，我们会一遍遍地问自己：我是否还尚存勇气？我是否还在坚守底线？

一个真正逆商高的人，不管面临着怎样残酷的现实，不管生活的真相如何鲜血淋漓地展现在面前，他都有乐观坚持下去的勇气。但你只有了解了逆商，才能提高它。那么影响逆商高低的因素有哪些呢？

1. 控制力

控制力是指对周围环境的信念控制能力。面对逆境或挫折，控制力弱的人只会逆来顺受，听天由命；而控制力强的人则会凭借一己之力改变所处环境，相信人定胜天。控制力弱的人经常会说：我无能为力，我能力不足。控制力强的人则会说：虽然很难，但这算什么，一定会有办法的！内因是事物发展变化的内部原因，内因的差别决定了相同环境下，人与人的不同结局。控制力说白了就是掌控不利事件的能力。

2. 担当力

你能多大程度地承担起一件事情，也就意味着你面对事情时有多大的担当力。如果把担当力量化成一个担当系数，这个系数越高，就越有助于人们从建设性和实用性的角度出发，来重新定义责任。陷入逆境的原因大体来说分为两类：第一类属于内因，包括自己的无能、疏忽或相信宿命论，这种情况一般伴随着过度自责、意志消沉的情绪；第二类属于外因，合作伙伴不配合、时机没成熟或者其他外界不可抗力因素。高逆商者往往能够清楚认识自己陷入逆境的原因，勇于承担责任并及时采取有效行动；低逆商者则会自怨自艾，自暴自弃，怪东怪西。

3. 影响力

逆境对我们当下的生活会产生多大的影响？逆商较低的人

会放大自己的挫败感，丧失自信，觉得自己是一个无用之人；而高逆商者能够将逆境造成的负面影响力限制在一定程度内，及时控制负面影响力的蔓延。越能够把握逆境的影响力，就越有勇气直面挫折。因为这样的人相信自己有能力处理一切困难，不至于惊慌失措。

4.持续性

逆境持续时间的长短决定着每个人逆商的高低，因为每个人走出逆境的时间是不一样的。如果说走出逆境的路程是相同的，那么逆商高的人相当于坐了火箭，能让自己的生活丝毫不受影响；逆商低的人好比是在散步，而且越走越觉得没有希望，致使逆境对生活的负面影响力持续加大。逆境带来的负面影响力持续时间久，波及范围广。但是，只要我们勇敢面对逆境，静下心来认真梳理自己的问题，就会找到战胜逆境的方法。逆境中的挫败感就像洪水，面对挫败感没人能建立永不垮塌的堤坝。所以，试着去理解、接受挫败感，让它在自己脑海中肆意泛滥一会儿，然后我们会发现，那些巨大的挫败感，渐渐就流散了。先让自己冷静下来，然后在总结中吸取经验，让被困难撕裂的伤口结疤，最后成为身体最坚强的地方。

那么，我们到底该怎样提升自己的逆商呢？

一是有远大的抱负。一个有远大抱负的人，永远知道自己的路该怎么走。《西游记》里的唐三藏看似本领最低，可他却是队伍中的灵魂，没有他，徒弟们本领再高也无法走完取经之路。制定远大抱负，然后自己一步步地去实现它，而且享受这个过程。切忌远大抱负千万不可制定得不切实际，那样会让自己产生一种无力感，继而与目标偏离。

二是不断尝试。不停留在心理舒适区，去做、去跑、去尝试。舒适区能给人带来安逸感，不断尝试意味着要承受风险。但是，人生如果总是不去尝试，势必会有所遗憾。记住：把心理舒适区当作你整装待发的加油站，而不是人生的终点。

三是控制好情绪。人开心的时候，会产生一种积极向上的情绪；情绪低落的时候，不仅会影响自己，还可能引起不可估量的连锁反应。所以，保持正常的情绪，是我们不断进步的基石。

四是直面恐惧。只有直面恐惧，才能战胜恐惧。很多时候让我们恐惧的不是困难本身，而是自己臆想出来的危险。相信自己，再迈出一步，我们就会重获勇气。

做到以上这四点就一定能提升逆商。在曲折的人生中，即便我们改变不了世界，但至少我们可以实现少年时的理想。

　　如果你没有被黑暗吞噬，如果你不断抗争、不去妥协，那么你就是黑暗中的光。愿你成为光，照亮你的未来。

第三节

恰到好处的挫折——
那些名人告诉我们的事

  法国作家巴尔扎克说过："挫折就像是一块石头，对于弱者来说是绊脚石，让你却步不前；而对于强者来说是垫脚石，使你站得更高。"如果我们把古今中外脍炙人口的例子都拿出来细细研究一番就会发现：每一位名人成功的背后都有着不为人知的艰辛，在成功之前，他们都接受过命运的考验，经受了绝望的折磨。有的人在逆境中学会了思考，有的人被逆境彻底打败。被逆境所打败的人中，有很多智商高和情商高的，这些人失败的根本原因，是他们的逆商低。

  成功人士真正吸引我们的，不是他们最终站在巅峰时的自在得意，而是他们历经艰难的百折不挠，也就是人们常说的凤凰涅槃。他们在逆境中，在遭受失败和挫折后，真正发现了自己的不足，在思考过后总结经验，为前进打下了坚实的基础。很多人经历了失败、努力、再失败、再努力……不断在逆境中总结经验教训，最后收获成功。

俞敏洪在演讲中不止一次说过自己的经历。他命不好，第一年高考因为差了几分而落榜；第二年还是没考上。虽然高考失败了两次，他家的条件又很艰苦，但是他还是坚持去考了第三次。因为他知道自己不能永远在农村待一辈子。与此同时，他也看到了自己的进步，第二年比第一年分数高了不少，他心里想：也许再坚持一年就能考上大专了。

虽然这样很痛苦，但他坚持了下来。第三年，他成功考进了北大。俞敏洪的高逆商，让他在逆境中没有放大高考失利的挫败感，没有因为前两次失败而一蹶不振；相反，他在之前的失败中看到了自己的进步，并且以积极乐观的心态继续努力。所以，他成功了。后来，他因为私自创办补习班被北大除名。即便如此，他也没有觉得自己一无是处。现在，当年的补习班已经成了首屈一指的英语培训机构。

胡歌也是一个高逆商的典范。2006 年 8 月 29 日，胡歌的生命之路遇到了一次急转弯。沪杭高速上，由于司机打了几秒钟的瞌睡，导致胡歌乘坐的车追尾了一辆大货车。事故后，胡歌重伤入院治疗。直到有一天，胡歌战战兢兢地拿起了镜子，他在回忆录里写道："我渴望从镜子里寻找到勇气和力量。"但"咔嚓"一声，胡歌听到了自信心碎掉的声音。"镜子把一个迷茫、恐惧的男人丢在我面前，他满身伤痕，浑身血垢，脸上也布满了伤痕，像从裁缝铺里走出来的一样。"

此时的胡歌，觉得自己的职业生涯走到了尽头。他自嘲地对父母说："这张脸已经不够资格再去做演员了，反正已经赚了一些钱，我下半辈子的生活基本不用愁了。"但是，他没有放弃，开始了漫长的逆境之旅。后来胡歌外出经常戴着黑框眼镜，用右边刘海遮住眼睛上的疤痕，拍戏时也尽量避免拍到眼睛上的疤痕。

2008 年，胡歌饰演一个大反派，完全不顾以往的形象。电影杀青时，导演马楚成对胡歌说了一句话："别被偶像剧设限，你可以胜任任何角色。"那天晚上，胡歌对着镜子，抚摸着右眼的疤痕："这道疤永远抹不掉了，难道自己要困在这道疤痕里一辈子吗？"既然这道疤痕会跟着他一辈子，索性就接受它好了。在这段时间，他读书、演话剧、思考，提升自己的文化素养和演技。他说感谢这场车祸，让一直无法静下心来的自己有了时间去"充电"。

2015 年，胡歌出演了《琅琊榜》《伪装者》《大好时光》三部电视剧。这三部电视剧，部部大火。车祸没有打败他，反而让他脱胎换骨，劫后余生的经历让他从骨子里散发出了一种对命运的感恩和对人生的敬畏。《琅琊榜》里有一句台词："既然你活了下来，就不能白白活着。"这句话像是胡歌对自己说的，既然从车祸中活了下来，那就要活出意义。面对逆境，他展现出自己的高逆商。尽管刚开始他很在意那块疤痕带给他的影响，就和我们普通人一样，摆脱不掉挫败感，但随着时间的打磨，他的逆商也提高了，最终他学会了面对挫折，战胜挫折。

同样高逆商的还有任正非。任正非是家里的老大，1944 年出生于贵州，1987 年是任正非最落魄失意的一年：被单位开除、背上 200 万元的债务、妻子提出离婚……44 岁的他跌入人生谷底。找不到工作的他被迫开始创业。

这一年，任正非在深圳创办华为，进入通信领域。当时，创业条件艰苦，加上他自身行业知识薄弱，任正非压力巨大。在研发人员经验匮乏、公司资金链断裂的情况下，任正非依然自主研发数字交换机，在 1993 年终于研究成功。然而，刀光剑影的故事并没有结束，新的危机正在悄然逼近。

2002 年，任正非的公司差点倒闭。IT（互联网技术）泡沫的破灭，迫使副总裁李一男辞职，并创办了同类型公司"港湾"与华为竞争。公司的内忧外患让任正非差点儿无力控制华为。一连半年时间他每天晚上都做噩梦，梦醒时常常眼含泪水。2003 年，他在国外应对思科公司的起诉时，母亲遭遇车祸，等他到回国内，母亲已经撒手人寰。

有十年时间，任正非天天思考的都是失败，没有什么荣誉感、自豪感，每天面对的都是危机感。他每天都在思考公司怎样才能活下去，公司怎样才能存活得久一些。

失败这一天一定会到来，要随时准备迎接——这是任正非从不动摇的想法。他对员工做过一个承诺："只要我还走得动，就会到艰苦地区来看你们，到战乱、瘟疫地区来陪你们。我若贪生怕死，会让你们去英勇奋斗？"

任正非还非常喜欢薇甘菊。薇甘菊是南美的一种野草，非常具有战斗精神，能够战胜干旱，战胜严寒，一点一点、不知不觉地占领一片又一片的土地。任正非像极了薇甘菊，具有极其强大的战斗精神，不畏艰难，不畏困苦，随时随地准备战斗。

爱将背叛，母亲逝世，国内市场被对手蚕食，在国外遭遇诉讼，核心骨干流失，公司业务停摆，IT（互联网技术）泡沫破灭……这些事件，普通人经历其中一件，都很难承受得住。可是任正非却挺过来了，并且使华为成了一家强大的公司。

阳光总在风雨后，乌云之上有晴空。举世闻名的音乐家贝多芬 17 岁时患上了伤寒和天花，26 岁时失去了听觉，这对于他来说是致命的打击。然而，在这种情况下，贝多芬却发誓"要扼住生命的咽喉"，与命运进行顽强的搏斗，之后他创作出《命运交响曲》等传世名作。厄运不但没有吓倒他，反而成就了他的音乐事业。

苏联作家高尔基从小失学，给人当童工维持生计，饱尝人间辛酸，但他即使累得腰酸背痛也不放弃看书，还在雇主的眼皮底下偷偷写作。

美国的大发明家爱迪生一次在火车上做实验，不小心引发了爆炸，被人一记耳光打聋了一只耳朵。生活的苦难和身体的缺陷都没有让他灰心，他反而更加勤奋地学习，成了举世闻名的科学家。

人生路上本来就少不了挫折，每次挫折背后都有新的可能。我们要在前人的事例中学习他们面对挫折时的态度。这些人都没有在逆境中放大自己的挫败感，相反凭借着他们的高逆商，把挫折当成了垫脚石，走向了更美好的远方。所以，不要逃避，勇敢面对才是应对挫折最好的方法。

第四节

在工作和生活间找平衡

前几天，我和一个刚刚参加工作的朋友聊天，他说自己的私人时间总是被压榨。明明是下班时间，领导的工作指示却来了，做不做都很苦恼；周末他也要随时待命，没完没了的工作消息，着实让人崩溃。明明想关闭手机好好地看本书放松一下，或者睡个安稳觉，却总是不得不随时候着领导的指示。在非工作时间里，要不要拒绝领导的指示，真的是个很头疼的问题！

朋友说："我想拒绝，但没有勇气拒绝。毕竟老板唯大，所有下班之后的任务，哪怕已经晕晕乎乎快睡着的时候收到，我也会拍着胸脯对老板说'没关系我一定能行'！"我们离开了校园，以为摆脱了象牙塔的束缚，殊不知来到社会以后依旧无法自由自在。有事业心是好事，但因为工作而放弃了自己的生活，就难免有些得不偿失了。

有人在网上倒苦水："最讨厌同事和上级在非工作时间发微信来命令我做事了，下班的好心情都被毁掉了。我只是用劳动力换工资，又不是卖身为奴。"职场白领小玉从事会计工作，经常在下班回家后收到新的账单文件。而且，常常收到领导的要求：这笔账单比较急，先算出来，今晚就需要。碰上这种情况，小玉就算已经躺在床上了，也不得不再起床工作。"有时候碰上头疼感冒，还是得摁着太阳穴在家里加班到深夜。"

"人在屋檐下，不得不低头。""当晚不回消息，第二天就别想好好上班了。"即使心里有一万个不愿意，大多数人还是会选择硬着头皮回复处理这种工作消息，哪怕会占用大量的休息时间。下班只是换了个地方上班，这成了现在许多行业的"惯例"。在医生行业中，有"24h on call"的说法，意思是 24 小时都要待命；一些新闻、自媒体行业的从业人员，下班后也要紧盯时事热点；有老师抱怨，家长群里的消息半夜都不消停，常常要"家长会开到凌晨"……知道很多事不合理，又不得不去做，这是成人世界的无奈。现代生活节奏越来越快，我们也渐渐地失去了对时间的掌控，失去了对生活的掌控，而掌控感决定着逆商的高低，决定着你在生活中面对压力时的应对能力。

前段时间，一则"下班时间没回复老板微信群消息被辞退"的新闻，刷爆了微博和朋友圈。一个来自宁波的孕妇一觉醒来，发现自己被公司解雇了。

事情是这样的，公司负责人在微信群里发布消息，要求上报当月营业额，并且强调要在 10 分钟内上报。当时是晚上 10点 23 分，已经是夜里了，这个孕妇早就已经入睡了，未能及时回复。10 分钟之后，公司负责人在微信群里通知她："你已经被解雇了。"知道事情之后，她非常愤怒，都晚上 10 点 23 分了，有什么工作就不能等到明天吗？很多人这个时候早已经关了手机，准备睡觉了，更何况她是孕妇。10 点 23 分，这时已经下班，员工已经从工作状态调整到生活状态了，时间根本就不属于公司，而是属于个人。凭什么要求在深夜一定要回复微信群里的工作安排呢？事情的最后处理结果是：这个孕妇把公司起诉到法院，获得了 18000 元钱的赔偿。虽然，赔偿拿到了，但她依旧因此丢了工作。

一时之间，这件事情在网络上引起了轩然大波。"下班后，工作微信到底该不该回？"有人力挺这个孕妇并表示："单位无权要求职工下班后有事必回。应保障职工权益，不应随意侵占职工休息时间。"虽然这样的舆论声音让我们欣慰，但很多职场人士也表示很无奈。

步入职场后，说好的朝九晚五在频繁的压力和加班面前早已消失不见，24小时的工作消息轰炸更是屡见不鲜。"隐形加班"无疑困扰着职场中太多的人。工作时间不由我们掌控就罢了，甚至下班后的休息时间我们也不能掌控，着实让人无奈。

韩剧《就算微不足道也没关系》里，女主角刚刚踏入职场，原本满怀憧憬，迅速被现实"吓退"。她说："我喜欢除工作之外的任何事情，即便如此还是要上班。"

据统计，2017年欧盟职工每周平均工作时间为36.4小时。排在最末位的荷兰人，每周只需要花31.8个小时在工作上。这相当于一周工作5天，一天6小时。

根据《中国劳动力动态调查：2017年报告》，中国职工每周平均工作时间是44.73小时以上，有四成人每周工作时长超过50小时。向往着北欧式的惬意生活，喊着"我再加班就是狗"，转头就在地铁上打开了笔记本电脑，这已经成为了大多数职场人士的真实写照。

就像有人说的："你可以选择不回微信，那这个公司也可以选择放弃你。""8小时工作，8小时外生活"，是很多人理想中

的人生状态。然而，现实却是工作的边界早就不复存在，多少
人都有过这样的体会：想回家看看父母，总是被临时增加的工
作绊住手脚；想抽空和爱人一起看一场电影，工作群里却飘来
几个"急件"，最终只能无奈地耸耸肩，对爱人道一声抱歉；终
于有一天可以满足孩子的愿望，陪他们去游乐场，却要在路上
处理各种消息，连孩子玩了什么都不知道；背起了行囊准备来
一场"说走就走"的旅行，却不得不带着电脑，生怕路上有什
么"突发事件"……

　　记得《奇葩说》有一期的辩题是：当生活被工作填满，我
是否应该选择辞职？现场蔡康永说的话我很认同：生活的乐趣，
在于不断开拓新的空间。工作和学习都应该成为我们人生路上
的基石，而不是我们焦虑的催化剂。愿你们的生活，既有紧张
感也有成就感；愿你们每天都有一段属于自己的时光。

　　《奇葩说》里还有一句话：改变世界是很难的，改变自己对
这个世界的看法却很容易。须知参差不齐，乃是幸福本源。总
有人懊恼为什么自己没有一夜暴富的命，其实好运气很多时候
都是伴随着感恩之心和不懈努力而到来的。

　　非洲大草原上，羚羊和狮子都拼尽全力地奔跑。羚羊知道，
不拼尽全力，将被狮子吃掉，会死；狮子知道，不拼尽全力，

就没有食物充饥，会死。猎人让猎犬追击兔子，猎犬没追上，因为猎犬"尽力而为"，而兔子"拼尽全力"。

拼尽全力的我们，都期待着能够实现自己的理想，最坏的结果不过是从头再来。但愿我们都可以对自己说："你已拼尽全力了，这辈子没愧对自己。"而不是后悔："天哪，当时我再努力一点就好了。"

长恨此身非我有，生而为人，我们不必抱歉。身为芸芸众生的我们，面对非工作时间的工作指示只能守好自己的心。唯我心安处是吾乡，问心无愧，全力以赴。

希望我们相信，总有一天，我们会掌控好自己的时间。提高自己的逆商，在非工作时间和工作时间中找到一个平衡，合理安排工作进度，掌控好工作中每一个即将发生的问题与冲突，提高自己面对不利事件的解决能力。

第五节

逆商 ≠ 受苦，
我们该怎样使用逆商？

　　逆商并不是去受苦，那么我们要先知道什么才是真正的受苦。受苦从理论上说，是我们被迫承受一些不好的、不公正的事情，甚至面临着他人的憎恨、排斥、辱骂、殴打乃至杀害的威胁。

　　一个曾经北漂过的网友回顾自己的经历时，发出无限感慨：为了省钱，他租了一间每月几百块的小房间，房间里只有一张没有梯子的上下铺，睡在上铺的他每天上下床都要费很多功夫。而房子离公司也很远，每天要提前两个多小时去挤地铁。

　　其实，他的工资完全可以租一间离公司近、条件更好的房子，可是他不愿意："北京人才这么多，不多吃点苦怎么能追上别人？"然而，这样的奔波没过多久，他就变得十分憔悴，整日抱怨。他最终离开了北京，带着满腹疑惑："为什么我吃了这么多苦，生活却没给我半点回报？"也许后来他会明白，他吃的苦，挤地铁、住小房间、不敢乱花钱，没有一样能帮助他在工作中成长。

董卿曾告诉自己："每一步路都不要白走。"那些无效、机械、没有经过思考的苦，其实只是无意义的自我折磨，甚至是在反向用力、拖后腿。对于"吃苦说"，过度迷恋或者彻底否认都是不科学的。比起吃多少苦，知道自己为什么吃苦才更重要。

这个北漂的网友吃的苦，都是一些无意义的苦，但是他觉得这种苦是自己必须经历的，会成为人生的垫脚石，让自己的人生走向更高远的境地。但其实这些无意义的苦不仅不会给他的人生带来一点一滴的帮助，而且会对他每天的生活造成困扰。人每天的精力就那么多，物理学里也说能量守恒，上天是公平的，给每个人的每一天都是 24 个小时，但世界偏偏显得不那么公平，它让同样的 24 小时有着不一样的色彩。

你把精力放在无效的机械的事情上，美好的充实的事情占用的精力自然就少了。人和人的时间是一样的，你对待时间的方法决定着努力的结果。高逆商的人往往能让自己受的苦转变成让自己前进的力量；低逆商的人往往会让自己在受苦中丧失自我，甚至开始抱怨，产生焦虑的情绪。

当然，也不是说受苦没有用，只是无意义的苦确实是在浪费我们的生命。受苦在某种意义上可以锻炼能力，让我们在真正的苦难到来的时候有一定的承受能力。温室里出生的花朵势必禁不起风雪的打击。当然，如果能一辈子待在温室里，从生到死，永远不会受到任何磨难，爹是富豪，儿是天才，风调雨顺，那么吃苦确实没有意义。然而，在实际生活中，这种情况也可能存在，但是能不能落到你头上，你心里自然有数。

再者，就算你有这样的条件，世事无常，谁又能保证一辈子都是这样。电影《一代宗师》里的叶问，前半生荣华富贵，武艺精湛；后半生穷困潦倒，经常吃了这顿没下顿，有屋檐的地方就能当作住处。就像叶问自己说的："如果人生有四季，40岁前，我的人生都是春天，40岁之后，我的人生一下子从春天直接到了冬天。"

再比如说，《活着》里面的富贵少爷，出身优越，前半生没有吃过一点苦，结果随着家道败落，后半生吃的苦多得超出想象，仿佛要把前半生没吃过的苦补上一样。不过，值得称赞的是，他依然坚强地活着。

　　我们这一代人，没有像父辈那样苦过，也从来不知道拼尽全力去讨生活的感觉，三观被信息流不断颠覆难以成型。想站着把钱赚了，却又走着精致的利己主义路线；过早地看到了更大的世界，却改不了三分钟热度的毛病，而大多数人又没有一个大富大贵的家庭出身。但你若受过苦，在苦难中不断磨炼自己，你则在什么样的环境里都能生存下去。

　　王小波在《沉默的大多数》里说过："说到吃苦、牺牲，我认为它是负面事件。吃苦必须有收益，牺牲必须有代价，这些都属一加一等于二的范畴。我个人认为我在七十年代吃的苦、做出的牺牲都是无价值的，所以这种经历谈不上崇高；这不是为了贬低自己，而是为了对未来和现在发生的事件有个更好的评价。

　　"逻辑学家指出：从正确的前提能够推导出正确的结论，但从一个错误的前提就什么都能推导出来。把无价值的牺牲看作崇高，也就是接受了一个错误的前提。此后，你就会什么鬼话都说得出来，什么不可信的事都肯信——这种状态正确的称呼叫作'糊涂'。

　　"人的本性是不喜欢犯错误的，所以想把他搞清楚，就必须让他吃很多的苦——所以，糊涂也很难得啊。因为人性不总是那么脆弱，所以糊涂才难得。经过了七十年代，有些人对人世间的把戏看得更清楚，他就是变得更聪明；有些人对人世间的把戏更看不懂了，他就是变得更糊涂。"

也许有人一生幸运，但没有人注定不幸，你面对逆境的态度会带来不同的结局。受苦不是我们的人生意义，受苦过后的反思与总结才是，如果总是在无意义地吃苦，那你真的是在白白受苦。

逆商的本质，就是在自己的受苦中找到意义。如果你遭遇了负面的事件，试着发掘其中的积极意义。例如：自己从中学到了什么？自己体悟到了哪些过去没有认识到的道理？

当我们用积极的视角去看待自己遭受的苦难时，我们并不是要去否认苦难的消极面，也不是要去否认和压抑自己痛苦的感受，而是努力接受"负面事件已经发生"的事实，不再试图去改变它。并且，在痛楚已经存在的基础上，试着研究这一段独特的经历，挖掘它的价值，是为了让我们现在和将来过得更好一点。那么，我们该怎么运用逆商呢？

1. 学会放弃

我喜欢下中国象棋，棋谱里有句话叫"丢车保帅"。美国作家格雷格曾说过："恰恰是你以为你想要的东西，阻止了你真正在找寻的东西。"

老虎是丛林之王，但经常被猎人的捕兽夹夹住腿，直到饿死。但是猎人发现捕兽夹从来没有捕捉到过一种动物——狼。后来，猎人观察发现，狼在被捕兽夹夹到时，会忍着痛苦咬断自己的腿，和狼群一起离开。如果不放弃那条腿，就会被活活饿死；如果放弃一条腿，就能捡回一条命。希望你明白，是因为你放弃的东西，成就了现在的你。

2. 接受失败

在电视上，我们经常能看到一些获奖的运动员，站在领奖台上热泪盈眶。但我们往往忽略了，有更多的运动员，他们的职业生涯其实都是以失败告终的。

一个成功的运动员背后可能有一百个得不到奖牌的运动员，每一个得不到奖牌的运动员背后可能有一百个想成为运动员的人。

生活就是这样，在失败中找到属于自己的路，如果你在谷底，那么走的每一步不都是上坡路吗？

3. 保持控制感

要养成在各种不利的状况下，都能稳住一切、从容应对的积极心态。这是一种对周围环境的控制能力。控制感强的人相信人定胜天，方法一定比问题多，他们懂得反思，从经验中学习。所有个人经验的增加都伴随着痛苦，没有人在掉进沟里再爬出来时会觉得轻松。

内心强大的人都是在一次一次的挫折和失败中逐渐成长起来的，就如同一个婴儿学习走路一样，摔跤本身就是学习的过程。

《火影忍者》里大蛇丸曾在回忆中对小时候的君麻吕说："活着其实没什么意义，但活下去就会有有趣的事情发生。比如，我遇到了你；而你，遇到了那朵花。"

也许你现在处在逆境之中，处在苦难之时，但你看看你的周围，也许能让你生命变得更美好的那个人正滑着滑板、在马路边和朋友遛弯、冒着大雨等同学给他送书、刚刚收到别人的情书……某一天，你站在他面前，可以笃定地告诉他："我走了很远才来到这里，穿过了千山万水，经历了百劫千难。我找到了你。"

只有经历了苦，才能更好地品味甜，人间一直值得。

第六节

培养逆商——
走出摇摇晃晃的童年

我们从孩童时期一路跌跌撞撞地走过来，也许已经忘记了第一次走路摔倒的日子、第一次上学哭泣的日子、第一次考试失利的日子。但是不可否认，小时候我们的承受力很弱，也许一件现在看起来不值得挂心的小事，在当时可能是占据了我们整个世界的大事。芝麻大的事就能让我们的天塌下来，极有可能造成一些不可挽回的悲剧。

现实中，有很多孩子面对压力会做出极端事情的事例。上海 17 岁少年在卢浦大桥跳桥自杀，事后才知道，他与同学在学校发生矛盾，然后被老师与同学批评，又在车中与母亲发生口角，打开车门直接跳桥自杀。整个过程不到五秒，母亲在看见孩子跳桥的一刹那蹲下来痛哭，等急救车到达的时候，孩子已无生命体征。这个男孩才 17 岁，他的人生还有那么多美好在等他，过几年他可能会上一个好大学，再过几年他可能会娶一个温柔美丽的妻子，可是他把时间停在了他的青春里。

在这件事发生后不久，四川遂宁的初三学生阳阳，回家后躲在房子里服农药自杀。服药前 8 分钟，他用手机记录了一段视频，视频中他烧掉了语文课本，还表达了对班主任杨某的不满，然后离开了这个世界。

2015 年 1 月，成都，年仅 14 岁的女孩小莹因晚归而被父母责骂，回到房间后，从六楼一跃而下，结束了自己如花般的生命。

如果不早早培养孩子的逆商，就不能适应这个社会，更不会直面自己的错误。他们不懂得乐观面对苦难和挫折，往往在遇到一点小挫折时就垂头丧气，甚至自暴自弃。我们的一生，会遇到大大小小的挫折，而战胜挫折，最终迈向成功的种种经历，都会让孩子受益无穷。

小时候，我们学过很多"失败是成功之母"的例子：为了发明电灯，爱迪生曾经失败无数次，终于获得了成功。正是他把每一次失败都当成一次学习的机会，才使我们拥有了今天的光明。挫折其实并不可怕，可怕的是跌倒了，再也起不来了。因此，大人应先学会面对挫折，再言传身教让孩子学会如何战胜挫折。车到山前必有路，只要可以从挫折中爬起来，生活就可以重新来过。

小孩子在面对挫折时，往往会产生比大人更多的心理反应，因此我们需要帮助孩子正确处理负面情绪，帮助孩子从挫折中站起来，帮助孩子正确面对成功。也许我们给不了孩子物质上的富足，但是可以让他在精神上做一个富人，面对困难时，有抬头面对的勇气，而不是一味逃避。那么，该怎样培养孩子的逆商呢？

1. 面对该面对的问题

心理学家发现，你认定会发生的事，总会再三发生，因为你相信，它才会发生。比如说，初学走路的孩子，如果父母整日担心他会摔倒，就在言行举止中给孩子灌输关于"摔倒"的信息，那么孩子就可能总是摔倒。父母不可能为孩子撑一辈子的保护伞，所以要给予充分信任，让他们自己学会坚强。鼓励孩子自己行走，让孩子知道跌倒了不可怕，要学会自己爬起来。父母要告诉孩子：你以后还会面临更多的困难，很多的时候需要你自己处理，相信自己，然后去面对它，不要退缩，不要逃避。

2. 承担该承担的责任

当孩子犯错误时，家长们总是以孩子还小、不懂事的理由为他们开脱。一些小错固然可以一笑而过，但一些涉及原则性的错误却不能轻描淡写，一笔带过。一定要让孩子吸取教训，并承担相应的责任，培养孩子敢于担当的精神。

1920 年，美国一个年仅 11 岁的男孩在踢足球时踢碎了邻居的玻璃，人家索赔 12.5 美元。当时，12.5 美元可以买 125 只下蛋的母鸡，闯了祸的男孩向父亲承认错误后，父亲让他对过失负责。可他没钱，父亲说："钱我可以先借给你，但你要在一年后还我。"从此，这个男孩就开始了艰苦的打工生活。半年后，他终于还给了父亲 12.5 美元。这个男孩就是后来成为美国总统的里根。

他父亲的所作所为是为了让他懂得：犯了错就该勇于承担后果，不要逃避，也不要推卸责任。让孩子成为优秀的人，要让他先从做一个有责任心的人开始。

3. 承受该承受的苦和累

在中国传统的家庭教育中，"再苦不能苦孩子"是家长们再普遍不过的想法。家长们恨不能自己有三头六臂，把孩子成长中苦和累的担子都往自己肩上扛。

孟子曰："天将降大任于斯人也，必先苦其心志，劳其筋骨，饿其体肤，空乏其身，行拂乱其所为，所以动心忍性，曾益其所不能。"

受苦受累的经历可以磨炼一个人坚强的性格，增强其面对困难的坚定信念。生活中，我们也可以让孩子做一些力所能及的事，承担一些苦和累，如家务、社会实践等等。

4. 疏导孩子的负面情绪

当孩子遇到挫折时，父母首先必须在情感上给予支持，而不是打击否定，不能说："不就是批评了几句，打了几下，又没有怎样。"父母应该关注孩子在做什么，孩子经历了什么，正确对待孩子出现的情绪，如难过、无奈、委屈，感同身受地表达对孩子的理解，并引导孩子正确地处理情绪。父母给予孩子充足的爱意和理解，是孩子面对挫折时内心力量的来源。其实，逆商的培养就隐藏在我们生活的一点一滴中。

告诉孩子，困难一点也不可怕，可怕的是不敢面对，畏畏缩缩；告诉孩子，跑步摔倒了，不怕，爬起来拍拍灰尘继续跑；告诉孩子，搭好的积木倒了，不怕，搓搓手重新再搭；告诉孩子，数学题算错了，不怕，换张草稿纸重新计算；告诉孩子，考试没考好，不怕，放假好好复习巩固继续考……我特别喜欢《海底总动员》这部电影结尾的一句写给小丑鱼的话：去经历风雨吧！

　　培养孩子的逆商，并不是在孩子身上实现自己的宏图，而是想让孩子在以后没有父母照顾的日子里，依然活得快乐。人生苦短，没有什么比快乐更重要。对父母而言，孩子位高权重或者一贫如洗，他们都不会觉得沾光或丢脸。是父母的孩子这就足够了；你要做的，就是勇敢面对挫折，在不危害他人的情况下，尽可能快乐地享受生活。

　　我想每个人的童年都应该像一个童话，它会被我们主观描绘得比曾经真实经历过的更加美好。我们总会添枝加叶地把它描绘得尽可能完美，让童年成为我们记忆中最绚烂的一笔。因为那些故事在我们伤心失望的时候，给予我们继续前行的勇气。

　　远处的天际线处，朝阳正在缓缓升起，那是新的希望。但无论童年是什么颜色，在童年里学会战胜悲伤，学会在跌倒后爬起来的孩子，一定会有阳光照耀着他们的一生。

　　最后，用几米在《我不是完美小孩》里的一句话，与大家共勉："世界愈悲伤，我要愈快乐。当人心愈险恶，我要愈善良。当挫折来了，我要挺身面对。我要做一个乐观向上、不退缩、不屈不挠、不怨天尤人的人，勇敢去接受人生所有挑战的人。"

第二章

自控既是意志的表现，
也是体现逆商的关键因素

第一节

你的人生处于未激活状态

　　网上看过这样一段话："那个春天是我第一次看到苹果树开花，10岁的我站在树下，告诉自己赶紧脱离幼稚的儿童年华，结果这一晃就是十年，一走就再也回不了头。"说来奇怪，早上出门前还没有留意到家门口的那棵柳树，中午发现已经冒出了绿芽，这个世界每天都在发生着翻天覆地的变化。最迷茫的时候，我们风尘仆仆，我们一无所有。记得《窃听风云2》中有句台词："年轻的时候，我们什么都没有，但是还有希望。"

　　迷茫归迷茫，但你的人生还处于未激活状态，在你人生的黄金时代，你应该大胆去拼、去闯、去奢望。大好河山你都没用脚丈量过，你还不知道自己想要什么，你得一次次去尝试，去犯错，去碰壁，才能知道自己的问题之所在。你还不知道自己是什么样的人，人最难的就是找到自己。事实上，我们一辈子都在干这件事，我们一次又一次地经历，考试失利后重新打起精神决心复习到凌晨；表白失败后躲在被子里痛哭到深夜，第二天调整好状态继续努力生活……这些经历让我们更加完整，这样我们就会慢慢知道自己是什么样的人。人生，本来就是寻找自我的旅程。

世界太大了，人这么多，我们不知道自己是什么样的人。人到底分为多少种？按照从书上看到的和自己经历的，我大概把人分为这四种：

第一种人，情商高，逆商高，智商高。什么事情一点就通，逻辑清晰，遇到问题能迅速解决，知道自己想要什么，知道该往哪儿走，走错了该怎么纠正。我称这种人为天才。

第二种人，平时比较喜欢出主意，擅长策划各种点子，但是不喜欢承担决策的责任。这样的人需要的就是不断学习，拓展自己知识面的深度与广度，增加对新东西的理解。

第三种人，既没什么决断力，也没什么奇思妙想，平时默默无闻。其实，大部分人都是这样。但也不是说这种人注定碌碌无为，没什么前途只能感叹平凡可贵。其实，有时候他们最大的财富不是才华，而是忠诚。

第四种人，没什么本事，脾气却特别大。遇到谁都不服，觉得自己最厉害，但是没什么成就，也不讨人喜欢。

找到自己的位置，是善于领导还是善于出谋划策。也要让自己踏实忠诚，做好自己分内的事，不奢求与自己无关的愿景。第一种天才类的人真的太少了；如果你的智商、情商和逆商都高于平均水平，那么做好第二种人，你的人生至少不会太差；最不济也要做第三种人，忠于自己内心的选择。

成功的七分需要靠自己努力向前冲，享受其中的快乐，酸甜苦辣都是你的人生；三分要交给老天爷，因为有些东西是要讲缘分的，你只要尽了力，就可以无怨无悔。所以，不要在妄想中自我沉醉，做好自己。在这里，我有几点建议：

1. 不要自我设限，因为你永远不知道以后会过怎样的生活

不要被专业限制、自我思想束缚。分清什么是重要的，什么是次要的。一定要选择自己热爱的事情来做，不要被一些表面上很好、但其实是陷阱的东西蒙蔽。能不能找到工作，刚开始能不能挣到钱，这些都不重要，最重要的是，做你想做的事。想做什么职业，想去哪座城市，不用在意太多，做就行了，你还年轻，怕什么？

2. 做好当下的每件事，不要管以后会做什么

等到以后，你就会发现一切其实都是刚刚好的安排，纵然你有迟钝莽撞的地方，但也正是这些原因让你走到现在。所以，仔细想想，可能选什么不是最重要的。不管做什么，做到最好，学到最多。

3. 珍惜每个在你身边的人，因为不知道会在一起多久

如何告别，我们都没有学过。每个人其实都只能陪我们走一段路，所以在这一段路中一定要珍惜他们。你要记着他的好，记着他的样子，因为你不知道什么时候会分别。生命就是在做减法，有的人见一次少一次，说不定哪一天，就是最后一次见面了。人到了一定年纪之后，上天就会拿掉你的一些朋友，拿掉你的一些梦想，拿掉你的一些爱好。有些人或许在跟你分道扬镳的时候，无声无息连句争吵都没有；有些人或许在你的通讯录里，可你不知道该怎么去联系了；有些人或许已经跟你见过最后一面了，只是你还没有发觉。归根结底，还是五个字：珍惜眼前人。

4. 努力是必须的

成功不必在我，而功力必不唐捐。生命的本质是孤独，而努力是孤独生命里最有意义的游戏。努力不一定会成功，但不努力一定不会成功——这句话听起来逻辑正确，其实漏洞百出。人生本来就不是一个非黑即白、二元对立的。有时候，我们努力的目标，不一定就是成功，也许我们是为了获得自己的认可，也许是为了证明一个愚蠢而遥不可及的答案。努力会使你得到一个你本该得到的结果，给不甘心的你一种解脱。

时间无涯的残酷在于，它不等任何人。你挥霍金钱，挥霍青春的时候无比畅快，你看到其他人对你拍手称赞就自以为天下无敌。岁月从不会同情你的懦弱、犹豫、胆小和封闭，只会默默地看着你的大好年华白白浪费。我不想自己的精神死在 20 岁，不甘心妥协，不甘心什么都没做就承认自己不行。难道我该认命吗？

不，鸟儿生出翅膀就是为了要飞翔，我们生来也是为了闯出自己的一片天。你大可以锋芒毕露，大可以多摔几跤。你可以去高山之巅看看有没有美丽的花，也可以去深海看看有没有发光的鱼；你可以对着那些"你应该"大喊"我不想"，对着按部就班和墨守成规的生活说"不"。不管怎样，我都希望你是一个不一般的人，一个不耽于世俗的人，一个不会迷失自我的人，一个清醒而有温度的人。

我希望在下一个十年，我可以拿起现在的照片说："你真强，这些年你过得很不容易，我见证了你的高光与低谷，超凡与平庸，爱与慈悲。这些年你或平凡，或天真，或伟大，至少你懂得了自己想要什么，学会了爱自己，学会了把目光投向了你身边的人。"如果可以再遇到十年前那个迷茫到不知所措的小孩，我会认真地告诉他："十年后的你不是一个很酷的人，星辰大海里也没有你的身影，但是不要惊慌，不要着急，傻乎乎地长大吧，总有一天你会发现，你已经是你喜欢的样子了。"

第二节

自控：
意志力与习惯的博弈

对于大多数人来说，自控真不是一件容易的事，但如果不去自控，就无法提高自己的逆商，掌控自己的生活。

很多人常常会无端迷茫和无助，怀念当年高中时的自己能做到那样的自我管理，感觉高考前是自己学习力和自控力的巅峰。那时候，我们每天都要做很多的习题，学到很晚，但第二天还能逼自己打起精神，继续奋战；上了大学之后，时间宽裕了，反而变得懒散了，没有之前学习的劲头和毅力了，到了假期更是懒得一发不可收拾，熬夜看剧、晚睡晚起、暴饮暴食都是家常便饭。这是因为人的天性是趋甜避苦的，连草履虫都知道避开阳光的暴晒，更何况是人呢？

自控力，就是自我控制的能力，是自己能不能管住自己的能力。如果没有自控力，我们就会对自己的言行不加约束，得过且过，甚至放纵自我，不考虑行为的后果。自控力，就是管理自己情绪、行为，让自己更加专注的能力。自控力可以被看作是一种精神能量，它是我们在面对内外阻力和困难时，帮我们做决定、采取行动的内在驱动力。它给予我们克服懒惰、消极、诱惑和习惯的力量，并支持着我们付诸行动、实现目标或完成任务。

自控的基础在于自知，而自控的关键在于意志力。清代重臣曾国藩就是自控力和意志力非常强的一个典型，他的天赋在伟大的人物中只是平平，却能做出超越天才的事迹，他依靠的就是极致的自控力和非常人的意志力。

对于自己每天要做的十二种功课，曾国藩一生都在身体力行，毫不松懈。这些功课一是主敬，二是静坐，三是早起，四是读书，五是读史，六是谨言，七是养气，八是保身，九是日记，十是陶冶情操，十一是习字，十二是夜休。即使在晚年身患眼疾、体弱病重的情况下，曾国藩仍然保持着这些自律习惯。这不仅是自控能力的体现，也说明了逆商高的重要性。对生活有良好的掌控感是成功的基石。

曾国藩在日常生活中不断反省自己，认识到毅力是一个人事业成功的关键所在。小时候的曾国藩经常在睡梦中被父亲叫醒，起来背诵四书五经。一遍不成就十遍，十遍不成就百遍，百遍不成就千遍，直到背诵下来为止。后来的曾国藩为了加强对自己的管控能力，制作了一个闹钟：在床边放个铜盆，铜盆上用一根绳拴了个秤砣，把燃着的香用绳子系在拴着秤砣的绳上。当点燃的香点到这根绳子的时候，就会把绳子燃断，于是秤砣就砸进了铜盆。就这样，黎明的晨读在铜盆敲响之后开始了……

曾国藩从小锻炼读书的意志力，这为他以后的仕途奠定了一种倔强、坚韧的性格基础。也正是这一种坚韧进取的意志力，才使得曾国藩不下决心则已，一旦下了决心，那么无论条件如何艰苦，前途如何险恶，他都义无反顾，不避艰难，奋进拼搏。

曾国藩在日记中写道："男人自立，必有倔强之气。"他的个性，就意志力方面来讲，是很坚强、倔强的。他统率军队之后，意志变得更加坚强，态度沉着冷静，虽然屡次遭到挫败，仍能本着"屡败屡战"的精神，始终如一地战斗。在建立湘军水师之初，曾国藩自己在黑暗中不断摸索且不断受挫，但是始终没有气馁和放弃。

　　他起初亲自设计战船，甚至认为："盖船高而排低，枪炮则利于仰攻，不利于俯放。又大船笨重不能行，小船晃动不能战。排虽轻，免于笨，尤免于晃。"然而，事实证明这不过是纸上谈兵，一经试验便发现，木排顺流尚可，逆水行排则极为迟笨，且"排身短小，不利江湖"。后来，他又仿照龙舟的样子造船，但又发现船快而轻，经不住水浪翻涌，甚至水面漂浮的木头都能将其击打得摇晃不定。几经周折和挫败之后，曾国藩终于迎来了希望：成名标向曾国藩介绍了广东快蟹船和舢板船的大概样子；不久之后，水师名将褚汝航把长龙船的造法介绍给了曾国藩。于是，在曾国藩和诸位能人志士不分昼夜的苦心设计下，终于有了一份合格的战舰图纸。紧接着，他大雇衡州、永州的能工巧匠，1853 年 12 月在衡州和湘潭，他设立了两个船厂，开始大量制造快蟹、长龙和舢板战船。

　　史载曾国藩"创建舟师，凡枪炮刀锚之模式，帆樯桨橹之位置，无不躬自演试，殚竭思力，不惮再三更制以极其精"。他兢兢业业，反复推敲，经过无数试验，终于建成十营水师。曾国藩建军，虽然筚路蓝缕，但其个人的意志力也鼓舞着湘军官兵的士气。

　　南非前总统曼德拉曾说："人生最美的光环不在于人的高

升，而是坠下后还能再升起来。"要想实现自己的宏大志愿，需要自立自强的意志力。实现目标的过程就是要有强大的自控力，没有百折不挠的精神，只会半途而废。

一个意志力强的人，绝不是一个逆商低的人，坚韧的意志力能让我们在面对挫折时不被打倒，在挫折中积攒卷土重来的勇气。

回想了一下，我年轻时的梦想是这样的：每天睡到自然醒，爬起来晨练吃早饭，天气好就出门逛逛街，谈一场轰轰烈烈的恋爱，晚上跟朋友吃火锅或烧烤，睡前看看银行卡的账单，今天又是一个有进账的日子。后来，我发现这种梦想不切实际，睡到自然醒的生活不会给我带来进账，而且会打乱我的生活节奏。不知道你们有没有这样的经历：制订了早起计划，也按时醒了，但总是拖拖拉拉不想起床，拿起手机结果一两个小时的时间就迷迷糊糊地过去了，这时你又后悔浪费了时间。还有这样的经历：想学习新的技能，投资自己的未来，但是一年过去了，培训课程的进度条显示，完成率为0。

就这样自己期待着，不停地责备自己，怨恨每件昨天没有完成的事，期待每个有大把时光的明天，愤怒自己每次都错过机会，后悔熬夜太晚没能睡个好觉。

1966 年到 1970 年，斯坦福大学教授米歇尔对幼儿园数以百计的孩子做了一个实验：实验一开始，就在每个孩子面前放一块糖，并且告诉他们，如果坚持 15 分钟不吃这块糖，过一会儿就会奖励他们另外一块糖。15 分钟后，实验人员回到房间发现，大约 3 个孩子里面，只有一个孩子能坚持住不吃糖。没吃糖的孩子们会唱歌，蒙住自己的眼睛或者踢桌子，以便分散自己的注意力。

实验人员跟踪了这些孩子的成长轨迹，那些愿意等待的孩子，未来的职业发展更容易成功；而那些不愿等待的孩子，成年后成就相对较低。在这个实验中，我们大脑的两个层级——本能脑和分析脑——在争夺选择权，本能脑响应快但容易出错，分析脑比较慢但具有审视本能的功能。根据这一系列实验，米歇尔教授总结出，那些善于"延迟满足"的孩子，自控力更强，长大后更容易成功。

王尔德说："我可以抵制一切，诱惑除外。"一颗糖还是两颗糖是同一事物的数量区别，但我们通常在生活中遇到的是很多不同事物间的选择。比如说，在游戏和看书中，游戏的快感是唾手可得的，半小时内就可以打一局酣畅淋漓的"王者荣耀"；而看书的幸福感却很难用时间来衡量，你不知道今天读的一本书里的知识在未来的哪一天会被用到。所以，打游戏的人越来越多，看书的人越来越少。

如果你能放弃游戏，把打游戏的时间用来看书，就是约束住了自己的欲望，这叫勇气。仔细想想，你的竞争对手从来就不是其他任何人。你的竞争对手是你的拖延，你的自负，你的懒惰，你正在消费的不健康饮食，你正在养成的坏习惯和思维上的墨守成规。如果克服它们的话，你就能对生活有更好的掌控感，一个逆商高的人还会怕什么？

第三节

管控情绪——
宠辱不惊的必要性

　　管理不好自己的情绪，势必会对自己的生活造成影响。一个逆商低的人，必然会因为自己的情绪问题让自己的生活持续地走下坡路；而一个逆商高的人，可以很从容地掌控好情绪，获得内心的平静。

　　我们身边总有形形色色的人，有人给人一种如沐春风的感觉，有人给人一种温柔祥和的感觉。但还有这样一种人，他们在大多数的时候很淡定，处变不惊，但会无端爆发，像野猪一样肆意乱撞。他们可以因为环境需要跟任何人都聊得来，但又会突然把自己封闭起来，谁都不理。他们的情绪来得很快很猛烈，却又毫无征兆，而且经常让身边的人感到很压抑。如果你身边有这样的人，或者你自己就是比较容易情绪化的人，那么你需要注意了。在心理学上，这种情绪积压、无端爆发且不可控的症状被称为"情绪易感"。

前段日子，我的一个朋友被导师骂了一顿。起因是他起晚了，又看见正在下雨索性就没去实验室，然而他并没有找老师请假。好巧不巧，一个月才来实验室检查一次进度的导师刚好那天就来了，发现他缺勤，直接在全实验室同学面前批评了他，并且告诉他一定要认真，给他分的比赛项目是一个国家级项目，实验室非常重视，不能这么懈怠。这个朋友心里十分委屈，他认为他只是因为大雨偶尔一次没去实验室而已。那天晚上，他一个人躲在被子里哭了，第二天一早，他直接买票回家了。歇了三天后，他回到了实验室，有点后悔自己的冲动，想找导师认错，结果发现自己的比赛项目已经被分配给了别人。情绪化大体上分为外放和回避两种，上面那个朋友——不假思索、我行我素、不考虑后果、简单直接地表达情绪，这是典型的情绪化外放的反应。生活中这样的例子比比皆是：行人无端杀害路上的女生，遇见自己二十年前的班主任大打出手，某学生因为家长不按照他的意愿行事而当街打骂父母……人在情绪化的状态中，根本控制不了自己的冲动。

情绪易感的人，极易失去理性，出现过激的行为——要么过激回应，要么干脆回避。这两种情况都没什么好处，情绪化回应容易伤人，情绪化回避容易出现内伤。

不直面、不处理、尽量压抑、假装安好，是情绪化回避的典型表现。一个人如果一直压抑情绪，最终会让自己身心俱疲。很多情绪化的人会因为憋得难受而选择糟糕的回避方法，如暴饮暴食、过度运动、疯狂购物等，以让自己得到短暂的解脱。不过，最终却会因为这种解脱带来的欢愉付出更为严重的代价。

很早以前，金融家洛克菲勒年轻时曾因为一件小事而情绪失控。有一次，洛克菲勒托运了价值四万美元的货物过海，却为了节省一百美元的保险费而没有办理保险。结果很不幸，当天海面上出现了暴风雨，货物在暴风雨中走了一趟。洛克菲勒听说后，当时就失控了，紧张得一直在发抖，等稍微稳定一点之后，急匆匆地去保险公司，为货物办理保险。然而，他刚从保险公司出来就被人告知，货物虽然遭遇了暴风雨的袭击，但是并没有受到影响。洛克菲勒因为心疼那一百美元的保险费，当即晕了过去，醒来后他难受到无法工作，不得不回家休息。

本来是一件没有必要挂怀的事，但是却让洛克菲勒，一个拥有亿万财产的男人，情绪失控到晕倒，可见管理不好情绪，会有多么严重的后果。那么，该怎么管理好自己的情绪呢？有的人天生性格急躁，很容易受到外界影响，稍有外界干扰便暴跳如雷。对于先天情绪，没有人可以控制，但我们可以做到的是通过后天学习控制自己的情绪。我们必须找到情绪产生的原因，才能提高自己控制情绪的能力，进而对情绪进行调整，只有调整好自己的情绪，才能减弱情绪问题对生活的影响。

有人失恋，悲痛欲绝，抱着酒瓶不能自已；有人工作被训斥，暗骂领导眼睛不好使……但其实若是能勇敢接受自己的命运，完善自己的能力，便能避免下一次情绪失控。

汉朝有个秀才名叫白铜十，为人正直仁义，年轻时与同乡好友进京赶考，同乡好友在路途中发现自己钱袋不见了，认为是白铜十偷的，于是进行索要。白铜十没有辩解，就把钱袋给他了。数日后，同乡好友找到了自己的钱，才知道自己错怪了他，于是连连向他道歉，而白铜十原谅了他，丝毫没有怨言。最后，这件事传开了，白铜十也因此得到了众人的赞许。

受他人冤枉，相信谁心里都会有芥蒂，白铜十心里自然也一样，莫名的屎盆子扣自己头上任谁也不可能痛快。但不痛快归不痛快，他没有就此怨恨同乡友人，还原谅了他。好修养能让很多事情化干戈为玉帛。所以，控制情绪，首先要想想情绪激动是否有利于矛盾的化解。少发脾气，提高自己的修养。

世界上最大的悲哀莫过于大道理谁都懂，但是小情绪难自控。众所周知，松下公司的应聘竞争十分激烈，有一个名叫神田三郎的年轻人最终凭借自身实力，击败了数千名竞争者，在面试中取得了第二名的优异成绩。但是，由于计算机故障，神田三郎的排名出错，以为自己应聘失败的他跳楼自尽了。等公司发现问题，再去联系这位才华横溢的年轻人时，却发现为时已晚。这就是情绪化的后果。

情绪化的人往往会丧失理性，在这种情况下，他们往往会自我评判，并极易将消极的评价带入自己的潜意识里。这些糟糕的自我评价随着年龄的增长在思维中逐渐累积，让情绪化的人不断堕落，愈发自我怀疑，乃至像神田三郎一样，给自己带来毁灭性的后果。自我评判，是打击性的、不友好的，甚至是毁灭性的。经常自我评判的人，往往也会评判外界，以求获取内心的平衡。他们会无时无刻地评价：

"这棵树比那棵树更好看。"

"这个人穿米黄色的衣服太不搭了。"

"这个电影一听名字就不好看，还不如在家睡觉。"

越是自我评判，越容易评判他人，越会导致情绪化，这样下去只会让自己的心理逐渐崩溃。

孤独、无法沟通、不受待见，往往成为过度自我批判者的标签。那么，我们该如何跳出自我批判，提高情绪掌控能力呢？

在情绪来临时，我们可以试试以下的方法，多进行尝试分析，找出最适合自己的一种。

1. 认清自己的情绪，远离负面情绪

只有认清自己的情绪来自哪里，根源是什么，才有可能从本质上掌控好情绪。

2. 不与人比较，只超越自己

要提高情绪掌控能力，就要改变自己与他人的相处模式、自己与自己的相处模式。当你把情绪掌控到位了，就会跳出原来的狭窄世界，看到的自己、他人和整个世界都会更加和谐。

3. 提升个人认知

你要知道自己是谁，并且承认自己就是这样的。这是一个起点，人逆商的提高往往开始于这里，你要学会认识自己，知道自己有什么，想要什么，能做什么。

失控的情绪，不仅是一种逆商低的表现，还会影响自己的生活，甚至伤害他人。确实，在某个阶段，难过和发泄是对经历的一切的尊重。但不应该以难过为理由，做出让自己和身边的人不快乐的事。人生的烦恼从识字时就已经开始了，每个人都会产生各种各样的情绪，这都是很正常的，而我们要做的就是，接纳它，并且学会掌控它。只有这样，我们才能不让情绪持续地影响到自己，影响到我们在乎的人。

第四节

放弃依赖——
不让独立成为阴影

我们总是在成长中依靠着亲人与朋友的馈赠，可终有一天，我们需要一个人去面对生活的真真假假，而一个逆商高的人不会让独立成为生活的阴影，不会让依赖心理消磨掉自己承担责任的能力。

毕业的那一天刚好是我曾祖母的 90 岁生日，她已经老到不认识我了，但我过去是在曾祖母爱的包围中长大的。说实话，我的家庭并不富裕，甚至还没达到小康水平，但是我在这个家庭里不缺爱。虽然它不能让我有一个优渥的物质生活，但爱的教育让我可以精神富足。

那时候的我并没有找到工作，回到家中的第一天也是我失

064

所谓逆商高，就是心态好

业的第一天，家里的人不愿意我出远门。爸爸在建筑公司工作，为了一儿一女辛苦了半辈子；妈妈在镇政府工作，顺便照顾妹妹，拥有这样一个对物质没有多少追求的家庭也是简简单单的幸福。但在我上大学之后，父母已经不能再给我足够的人生建议了，因为他们都没有经历过大学。我觉得我需要独立去面对这些，因为总有一天他们会离开我。正如他们的父母已经陆续离开了，他们也在独立面对一切。很多人和父母本身有着不同的知识结构和世界观体系，怎能要求他们给自己指引正确的道路呢？

所以，在他们希望我留在西安的时候，我拒绝了，因为趁着年轻，我想出去走走，想看看星辰大海。其实，我一个人第一次出远门的时候还是有点害怕、有点紧张的，但是我不想因为自己的胆怯而失去提高自己阅历的机会，我不想让我的孩子以后说："爸爸你当时真的好胆小。"

我想把我父母没经历过的都去经历一遍，去尝试更多的选择。我的人生路途也许不会就此一帆风顺，但至少会更加清晰。我不想因为依赖父母，因为害怕一个人出远门而放弃未来的无限可能。

回想我的学生时代，总是希望放学时和朋友一起回家，希望喝东西时能有个人可以做伴，但这种依赖差点让我丢失了自我。那时的我特别害怕自己一个人待着。我也许是因为太孤独，觉得世界一片荒芜；也许是因为太寂寞，除了发呆简直无事可做。在那时候，我感觉一个人待着连自己都觉得可怜，不安全感被完全暴露出来，只想要和朋友待在一起把时间填满。

有人看电影，我陪着一起看，其他人可能是为了写影评，而我是为了和大家在一起不孤独；有人打牌、嗑瓜子、叠千纸鹤，我陪着一起玩，人家可能是为了片刻的放松或追逐爱情，而我只是为了不孤独。他们做事都有不同目的，他们做事都是为了自己。而我发现，我丢了自己。后来，我用了很长很长的时间去寻找那个迷失的自己。我们在大学接受的都是一些理论教育，但真正该学的，我们没有学到；学校应该培养的精神，我们也没有感悟到。毕业后，我学到的最重要的东西，就是该以独立的姿态去面对人生。我不再假装自己拥有很多朋友，而是回到了孤单之中，以真正的自我开始独自生活。

有时，我也会因为寂寞而难以忍受空虚的折磨，但我宁愿以这样的方式来维护自己的自尊，也不愿以浪费生命的方式换取那种无必要的社交。我可以面对孤独。学会如何与孤独的自己相处是一辈子的事，只有放弃依赖，我们才能找到最真实的自己。而一个逆商低的人，只会在孤独中迷失自己，永远不会尽力负担起该负的责任，只能在迷茫中埋怨现状的不堪。

日本有部电影叫《海鸥食堂》，里面的女主独自在北欧开了一家日本料理店，是一个自信且独立的人。在刚开始的半年，这家饭店没有一个客人来，这个女店主却依然每天准时开门，打扫整理，按部就班。她甚至一天都跟人说不上一句话，偶尔坐在凳子上面发个呆、打个盹，但从没有想过要将店铺转让或者关门。她是个完全不依赖他人的人，自带一种怡然自得的气场，她的店铺就好像她的修炼场一样，对一些渴望独立宁静、渴望找寻自我的人来说，有一种神秘的吸引力。在此期间，有人要帮助她宣传，希望她店铺的知名度更高一点，她说自己可以解决；也有亲戚朋友说给她加派一些人手，一个人做这么多东西怎么能忙得过来，她也微笑拒绝了；甚至还有一群当地的中老年人经常路过，在饭店的玻璃窗外来看她的笑话。的确，一个女人整天坐在空无来客的饭店里，还那样气定神闲，很难不让人觉得匪夷所思。

对她而言，首先面对的就是经济损失，一个店铺每日的租金不菲，再加上每天必备的新鲜食材的损耗，也是不小的费用。而她做的又是日料，对于北欧人来说是陌生的，也是不吸引人的。更重要的是，她日日一个人，这样的冷清，真的不孤独吗？

　　终于，有个本地的年轻男孩在某日口渴之后，很自然地走了进来。他和别人不一样，完全没有考察和打量这家店。他的出现，让女主喜出望外，就好像寂静的夜空，一只喜鹊临门，吱吱声带来了一片欢悦。

　　男孩仅仅要了一杯咖啡，女主却因其是第一位顾客而给他免费的优待。而后几天里，这个男孩几乎每天准时光临，依旧只要一杯咖啡，女主却依旧分文不收。男孩的持续光顾，打破了这个店内的寂静，也消解了路人对这家店的疑惑。逐渐地，大家从观望到好奇，再逐一进到店内去尝鲜。当店内客人逐渐多起来以后，女主决定烤一盘面包，她用料上乘，手法娴熟，面包刚从烤箱里端出来的时候，香气就透过餐厅的玻璃门，扑满了整条街。

　　原本经常探头张望的三个老年妇女正巧经过，瞬间被香喷喷的面包馋得口水直流，毫不犹豫地进入了餐厅。三人一人点了一杯咖啡和一份面包，面包的美味和咖啡的香醇将她们从口到心彻底征服，她们从原来的好奇路人，变成了餐厅的忠实粉丝。接下来，剧情可想而知，这家餐厅客人日日盈门，生意蒸蒸日上。女主人在人前如雀鸟般活跃，而独处时又像一汪湖水一样静谧。她在面对别人质疑的时候说过这样两句话：

"真好啊，能独立做自己想做的事。"

"我只是不想依赖他人的馈赠。"

我的解读是：真好啊，能在人群之中独自一人做自己想做的事。人在 20 岁左右的时候，几乎不想一个人安静地待着，特别喜欢群居生活的热闹。只要一有时间，就一定会呼朋唤友，不是把朋友请到家里来，就是跑到朋友家去住。年轻的时候受不了一个人在家听钟表的嘀嗒声，我们会认为那是寂寞在唱歌，枯燥又消耗生命。

周国平说："独处也是一种能力，并非任何人任何时候都可具备的。具备这种能力并不意味着不再感到寂寞，而在于安于寂寞并使之具有生产力。

"人在寂寞中有三种状态：一是惶惶不安，茫无头绪，百事无心，一心逃出寂寞；二是渐渐习惯于寂寞，安下心来，建立起生活的条理，用读书、写作或别的事务来驱逐寂寞；三是让寂寞本身成为一片诗意的土壤，一种创造的契机，诱发出关于存在、生命、自我的深邃思考和体验。"

我想年轻的时光流逝后，人们最终都会面临同一个问题，即如何处理自己的孤独，如何在热闹的环境里理解自身的孤独，如何平复那种如黑暗潮水的孤独和层层翻涌的叹息。

　　成年人得明白，别人跟你在一起是为了开心。相处是个互惠互利的东西，有共赢合作才有可能持久。让别人帮助你得有个度，同时别人给你的，你也得还得起。

　　独立不是阴影，而是一种能力，无论什么时候，放弃依赖都能让你生活得更有底气一点。无论怎样，我都希望你在一次次尝试中认识自己，以独立的姿态，去活出属于你自己的人生。我希望你成为一个高逆商的人，在错综复杂的世界里认清自己脚下的路，留给世界一个孤独的背影，在属于自己的道路上负重前行。

第五节

积极——
不仅仅是自我意识的蜕变

　　一个逆商高的人，不管是阴天还是雨天都会看见太阳；而一个逆商低的人，只会在颓废中折磨自己，始终无法与自己和解。颓废太简单了，什么都不做就好了，但是在看清一切之后依然积极生活才是真的酷。

　　刚来大学的第一个月，学校要求所有人填写大学四年的规划，我记得当时其他栏大家填的都是入党、过四级、拿奖学金等。而最后一栏，给自己未来的寄语，大家填的都不一样。我无意间看见舍友规划书上的内容："我想过和现在不一样的生活，以后在大城市买一栋房子，把家里人接来住，再有一份稳定的生活，扎根在城市里，娶妻生子。"我那时不太理解。我的梦想就是随遇而安，不去想未来，躺着做"咸鱼"不是更好吗？现在回想起来，当时的想法好可笑。

我永远不能忘记，在那个炎热的暑假，家里的楼顶上一片空旷，我端了一个小板凳坐在一个角落，恍然抬头，尽是满天繁星拥簇着我。那时，我就像拥有了最美的钻石，所以至今也能记得那片天空的模样，以后就再也没看到过那么纯美的仲夏夜。我在那片璀璨的夜空下许下大大小小的愿望，后来渐渐都还给了天上的星星。

小学时，老师问我想做什么，我稚气满满说："省长。"上初中了，我觉得当个县长也不错；上了高中，我觉得当个镇长就可以了；现在，我觉得当个村支书都挺难的。成长告诉我生活越来越难。认知和眼界的逐渐提高，让我开始对着曾经的梦想付之一笑，然后只能用力地向它们挥手告别。小时候觉得长大好，长大后又觉得有人竟然愿意长大真是太可笑了。为什么不要长大呢？长大了就不免要学着一个人走夜路，一个人对抗人生的风雪，一个人在世界里拙劣地表演，一个人辨别迎面而来的真真假假。

我用力向自己的梦想告别，然后转过身迎接这个世界的寒风冷雨，脸被刮得生疼却开始学会了忍着不吭一声，还能用力挤出一丝笑容告诉别人"我还好"。就这样，小时候的理想大部分到最后都变成了对"钱、权、名、利"的崇拜和追逐，曾经光鲜亮丽的梦想现在回首时让我脸色发红，耳根滚烫，我看着一切，只想对现在的自己说"你好蠢"。

记得《月亮与六便士》里作者毛姆说："我们拼尽了全力，还是过着平凡的一生。"曾经的我们谁想过平凡的一生？我们从童年、少年直到如今，所做的一切都是在避免做一个平凡的人。但后来却发现大部分人都是平庸者，所以我们开始颓废，开始沮丧，开始无可奈何，那些理想也慢慢丢失，到最后还保持初心的人很少，能为了初心坚持下去的更少。不复当初那敢于承担一切的勇气，不再那么有冲劲，这就是逆商低的表现。

我时常看着这座城市中的一座座房子，里面有着一个个不同的故事，未来和过去的影子在这里影影绰绰，昨日的悲与喜还在那里停留。我自问：为什么我融不进这座城？

每个人都向往自己的生活变得更美好，在不断追寻中，内心的各种秩序被太仓促、太轻易地摧毁，重新规划，重新建立，然后再也回不去。眼睁睁地看着自己的梦想一点点地碎掉，再一点点地重建，痛了，只有自己知道。我们不知道自己最喜欢什么电影，最喜欢什么歌曲，最喜欢什么人，但我们知道自己不想要什么。

20 岁的年纪，又为什么着急界定自己要成为什么人，要确定该走向何方，年轻的时候，做些自己喜欢的事情，总没有错。谁都不能确定自己会成为什么人。我们急于成功，我们焦躁不安，我们不知所措——却都无济于事。

前几天去买馒头，阿姨用布满皱纹的手拿着馒头，叹了口气说了句："活着真累。"我一路沉默，每个阶层都有自己的烦恼，白领要面对每天枯燥的工作与这个城市带给自己的压力；小贩要在满是油渍的摊子上每天数钱，烦恼什么时候可以凑够孩子下学期的培训费……

二十几岁该烦恼什么？曾看到同学写"想过安静的生活"，当时的我嗤之以鼻，现在的我感觉当时的自己很可笑。我把一切想得太简单，然而又急于成功，急于摆脱父母的怀抱，也急于回报家人。

过去我认为，普普通通地安家立业也太平淡了，我要好好奋斗，要创业，开公司，日入上万，IPO 募股上市……然后呢？子非鱼，安知鱼之乐。安逸地在自己生活的小城里种花，种菜，种简单的生活，种悲悯的情怀，也种爱——这才是大多数人毕生追求难以企及的梦想。我们在大大的绝望里小小地努力着，在星辰大海里不断探索着方向，从未止步。

要记得，不管多难过多失意，任何寻求安慰的行为都不会让你成长。宿醉、旅行、痛哭流涕，甚至和朋友促膝长谈，都只能让你感到一时的安慰而已。我们都一样，只是平凡得不能再平凡的普通人，为了达成心中小小的心愿，只能发着狠、铆足劲，自己选择的路，向前走就不要回头。

以后你就会发现，不管逆境还是顺境，都是人生的某个阶段。不论多微小的努力，只要你认真做了，就不会是没用的，它们都会在之后的某个节点对你帮助良多。没有什么事情是浪费时间的，也没什么事情是没有价值的，只要你认真去做了，或多或少都会有一些收获，而这些收获可能在很多年以后，让你受益良多。

成长其实是特别艰难的自省。我们都曾有过改变我们所不愿的世界的想法，最后都畏畏缩缩被社会磨平了棱角。记得有一次我从蓝田开车到西安，朋友大伟感觉到我情绪不太好，在我旁边说了很长很长的一段话："遇见价值观的崩溃是一件很正常的事，我们还很年轻，价值观的破碎到重建是一个很漫长的过程，而且人极易陷入自己的情绪旋涡里。

"你在网上发泄有什么用，一味地谩骂、抱怨、逃离就能改变现实吗？我总觉得，你没有拼过命，就没资格摆出一副平凡可贵的模样；你没真正富贵过，动辄视金钱如粪土是十分可笑的；你如果从没认真读过书，却到处宣讲读书无用，只能让你显得像个傻瓜。人生的一些状态，只有你经历过，得到过，感受过，才有资格说：不，这不是我想要的。"

沮丧的成本太低了，努力生活才是真的酷，山本耀司说："我为现在的青年们感到一丝悲伤，而情况更糟的是，他们失去了个性，忘记了梦想，丢掉了目标还有激情。他们好像在放弃，放弃自己，和大多数保持一致。"

微博上有人说："有时候，词语决定思想。你使用一个现成的词语，代表你接受了一整套那个词语背后的思考逻辑和价值判断。有些词，本身就是陷阱。"所以你必须抛弃所有说给别人和自己听的漂亮话，正视你的无能与不可得，甚至一遍一遍被怨恨、愤怒及妒忌撂倒，然后你才懂得：成长无关改变，只是让你学会选择你所能承受的。

并非困难使我们放弃，而是因为我们放弃，才显得如此困难。人生要学的最难的一课，就是要知道在那些本以为会陪伴自己很久的人突然离开后，该如何重新振作起来。你要意识到，没有人能帮你，那个唯一能让你重新站起来的人，是你自己。

如果你是一个积极的人，自然希望别人也能够被你影响，变得积极向上一点。但是，当你发现其他人只是想保持现状的时候，你总会觉得难过。尊重他人的选择，却无法和他们为伍，这就像鲨鱼一样，一旦停止前进，就会死掉。

若无所依靠，势必靠己。很多很多的钱以及很多很多的爱，你都可以自己给自己。自己给自己的安全感才是最踏实的，你的努力永远不会背叛你。我的身边有着很多很多的爱，它们一次次将我从崩溃的边缘拉回来，让我这些年一直对世界怀有敬畏，并且从爱中知道了：什么拯救了我，我就可以就用它更好地拯救世界。

你想要的，岁月都会给你，只要你坚持往前走，艰难总会过去，而你的高逆商，将在追求理想的路上，为你保驾护航，让你活成你想要成为的模样。别错过机会，人生比你想象的要短。

第六节

分得清失败与逆境

不失败的方法只有一个，那就是不去做。而逆商的高低，决定着你经历失败后快速调整自己的能力。多少次，你萌生了做一件事的想法，越想越觉得这件事靠谱，你决定忙完手头的事就开始。过了一段时间你又有一场考试，你想着考完试再做吧，事情太多了。考完试后，你重新想了一下，觉得这件事其实不是很靠谱，有很多难点。你决定不做这件事了，有机会再去想想别的。

你看到别人开始做你想的这件事了，你嘲笑他们："这件事做不成的，我早就想过了。"你发现别人越做越好，心想这不过都是一时的假象，风头过去了就要没落了。当发现别人取得了更大的成功的时候，你和朋友在饭局喝酒的时候说："你知道这个东西吗？我一年前就在研究这个了，要是我做肯定比他们现在做得还好。"你猛然抬起头发现，朋友们对你谈当年勇的样子一点都不感兴趣。

后来，你安慰自己：这个东西成功只是偶然。这个人家里有关系，人家不差钱，要是没这些因素他未必能成事；还好自己没有开始做，没开始就不算失败。其实你错了，那些做出尝试的人并没有失败，失败的是那些连第一步都没有勇气迈出的人，可悲的是他们还不愿意承认自己的失败。他们以为的不曾失败，就是给自己找借口，借此心安理得地活着。

两颗相同的种子被抛进了泥土里。一颗这样想："我得把根扎进泥土里。"于是，它努力地发芽生长，经历了春夏秋冬，感受了大自然不同季节的冷暖……在一个金黄色的秋天，它播撒了更多成熟的种子，这些种子变成了它的眼睛，让它看到了更多美丽的风景。

另一颗却这样想："我若是向上生长，可能会碰到坚硬的岩石；我若是向下扎根，可能会伤着自己脆弱的神经；我的嫩芽突破土地，可能会被蜗牛吃掉；我若是开花结果，可能会被顽皮的小孩连根拔起；还是躺在这里最舒服安全。"于是，它瑟缩在土里。一天，一只觅食的公鸡过来，刨开土地，把它啄到了肚子里。

这两颗种子有着迥然不同的命运，你会发现人生也是一样，越是想安于现状，越不能安于现状，因为各种偶然的因素会使你的周围充满风险。而逆商高的人，对风险有着良好的掌控力，有更好的面对风险的能力。

每个人都想努力活得像自己，在自己最好的年纪尽情绽放。我想起一首歌："有多少人羡慕你，羡慕你年轻，这世界属于你。"我们还没老去，我们还有着少年心气，我们不怕犯错，我们有敢想敢干的资本。现在的我们笑起来没有皱纹，敢和这个世界对着干。这就是青春的珍贵，你也和我一样。希望以后回忆起自己年轻时的岁月，可以含泪欢笑吧。

上学时，我在学校大礼堂参加过一个创业分享会，一个从我们学院毕业七年的学长回校来讲述自己的创业经历。他是农村来的，大二时当了学校的科协主席。校科协每年都有义务维修活动，他发现大家拿来维修最多的东西是耳机，他在台上笑着说他发现了商机，然后他跑遍了西安的电子产品店铺逐一调研，一一对比，选出了一批音质较好、性价比较高的耳机。拿着自己省吃俭用攒下来的一百元和借来的二百元当作启动资金，购入了第一批耳机卖给身边的同学，两天的时间赚了二百元，那个时候，二百元可是一个学生半个月的生活费啊。那一年，他凭借自己的努力卖出去 2000 多个耳机，存了好几万块。之后，他发现当时学校的情侣总是在马路边上坐着聊天，单身的他在羡慕的同时看到了商机：情侣在马路牙子上谈恋爱太不体面了吧，如果有条件的话，男生一定会带女朋友去一个更好一点的地方。

于是，他揣着卖耳机赚来的钱，又借了四五万元在学校投资了一家酒吧，供情侣约会歇息。不过经营不到一年，就因为种种原因而被迫关闭了。此时的他背负几万元外债，不过依旧义无反顾地选择了继续创业。按他的话说，反正已经欠了这么多钱，要是找工作拿死工资，不吃不喝还要还两年，不如就试着再搏一搏。

但现在，他回来了，闪闪发光地站在台上分享自己的经历。我不知道他在一个个宿舍推销耳机时遭受了多少冷眼，也不知道他经营酒吧失败后有多失意，也没看到他后来怎样摸爬滚打才取得成功。不过，他现在站在台上的样子，好酷。

其实，上天格外喜欢那些敢于尝试和承担的人。当你觉得自己能够承担尝试带来的风险时，你会发现其实结果并没有你想象的那么糟。

不过都来得及，我们还年轻。我还没有结婚，我也不需要赚钱养家，我可以去大胆追求我的梦想。所以，在外求学的你也一样，想到什么就去试试吧，喜欢设计就去学习，喜欢写作就拿起笔杆，比起在宿舍打游戏和抱怨人生迷茫，你应该去探索学习自己喜欢的技能。当我们把自己喜欢的事情真正坚持到最后，无论结果是好是坏，我们都会得到成长，至少在这个过程中，我们的逆商会得到提高。

如果混吃等死，再尖锐的性格，走进社会都会被磨得没有棱角。当你觉得你能对世界做出贡献的时候，这个世界才会开始原谅你的幼稚。作家扶南说过："每个人都会有一段异常艰难的时光——生活的窘迫、工作的失意、学业的压力，惶惶不可终日。挺过来的，人生就会豁然开朗；挺不过来的，时间也会教会你怎么和它们握手言和。早点找到自己真正感兴趣的事情或专业，哪怕多尝试几次，趁着年轻多折腾一下，找到之后专注一生，就会有大成就。走上人生的路途吧，前途很远，也很暗。但是，不要怕，不怕的人才有前路。"

总有些时候，满心期待换来的是失望或者不体谅。环顾四周，似乎只有你自己在徘徊，努力了好像还是看不见希望。你甚至一度认为，没有人比你更加不如意了。渐渐地，你会开始不自信、不愿向前。然而，每当这个时候，逆商高的人都能在心中听到一个声音，清晰而坚定：再来一次。

当生活的哨声响起，再来一次，为成长积蓄力量；再来一次，朝着梦想迈近；再来一次，为更多人带去阳光；再来一次，义无反顾地相爱；再来一次，坚守心中的完美。

瑞·达利欧说过："生活中总会遭遇各种各样的挑战，因此知道如何对待挫折和知道如何前进一样重要。"我们总会在人生的某个时刻被命运之神的磨砺之锤击倒，也许是工作上的失利，也可能是家庭的破裂，抑或是失去亲人或者遭遇严重的事故和疾病。不论我们如何躲避，厄运总会找上门来，让我们一败涂地。我们难免因此陷入痛苦之中，在某段时间里感觉失去了坚持下去的力量和勇气。

但是，总有一些人能够在认识到现实后，重新获得新的力量。失败与逆境是每个人都要经历的必修课，为了顺利度过命运之神布置的每一道考验关卡，我们需要将自己培养成一个勇士，乐观地挑战困境。

为什么那些经历过挫折的人，跟以前一样快乐，甚至比以前更快乐，关键在于他们面对挫折与失败时的态度。对于那些不以自我为中心，对外界保持开放态度且充分投入了精力和劳力的人来说，蜕变之路会自然而然地铺在他们面前。

　　成功与否并不是关键，培养应对逆境的能力，我们便会在高逆商的帮助下，重新汇聚起能量。这个世界欣赏每一个重新站起来的人。很多时候我们觉得自己的经历并不美好，但你要知道那些看上去不好的东西都是暂时的，你要相信一切都会好起来的，而你，也配得上那些美好。

第三章

责任意识是逆商的根本

第一节

减少抱怨——
虽然很难，但这算什么？

　　生活中不如意的事到处都是，人也总会有难以避开的低潮。当你经历了各种失败之后，生活陷入了困境，你对自己彻底失望，觉得自己的梦想再也没有机会付诸现实，你就会产生怨气，开始搞砸一切，甚至伤害自己。这是一种典型的逆商偏低的表现。

　　上学的时候，有一次我和同学需要找自己的指导老师签字，老师约定早上 8 点到他办公室，但我们起床时已经 7 点 40 分了，洗漱完毕后，同学说吃个饭再去吧。我心想，反正已经快迟到了，也就同意了。等我俩吃完早餐到达办公室的时候，已经 8 点 15 分了，老师办公室的门已经锁了。同学向我抱怨明明老师通知 8 点为什么不提醒他不要吃饭了早点过来，然后他一直念叨老师不签字了怎么办，要是影响了毕业怎么办……最后虽然等到了老师，签了字，但我们两个人心情都不好。他不断抱怨可能产生的负面结果，我也因为他不断的抱怨而产生了负面情绪。可见抱怨会像病毒一样传播不良情绪，控制不好就会生出事端。

几年前，我第一次读黑塞的《悉达多》。悉达多让他过去的友人看他的样子，结果友人在他脸上看到了千千万万个人不停变换，男女老少，悲欢离合，众生都是他，也都不是他。当时我突然就想通了，世界的本来面目既残忍又充满了慈悲。那何不试着去理解别人，也原谅自己呢？

我们的生活满打满算不外乎只有三件事：一件是自己的事，就是指自己能安排的事；一件是别人的事，就是别人主导的事情；一件是老天爷的事情，就是我们能力范围以外的事情。

我们之所以会抱怨，往往是因为我们没做好自己的事，爱管别人的事，担心老天爷的事。要减少抱怨很难，但可以管好自己的事，少管别人的事，别操心老天爷的事。掌控好这几件事，就是学会了逆商的精髓。

我们先说说自己的事。什么是自己的事？我个人认为是我们拥有全部主权、自己可以左右的事情。在金曲奖颁奖典礼上，韦礼安说："以前有人跟我说我写的歌没几首能听的。我要谢谢这个人，他的批评没有成就他，而是成就了我。"

韦礼安说完，全场沉默。是的，他只要写好自己的歌就好，其他的事跟自己没有关系，我们很多时候太在乎别人眼中的自己，而忽略了真正要做的事。你是一个教师就把书教好，你是一个厨师就把菜炒好，你是一个会计就把账算好……

脆弱的人因为听见了太多质疑，就开始怀疑自己，然后放弃目标。他以为是被世界阻拦了，其实世界根本没空搭理他。一个人要是坚定做自己的事，根本没有心思去听别人说了什么，更不会因为别人的嘲讽质疑而停下脚步。

刘同在《你的孤独，虽败犹荣》里写道："心里有自己的时候，会越来越不愿意去做无意义的事，不会去打听他人的隐私，不会去讨论无关的人的绯闻，不会去在意不重要的人对自己的评价，不会因为突如其来的挫折而忘记自己的初衷。自己的事才是最重要的事，其他的种种不过是高速路旁朝你招手、让你分心停留的理由。"

那些无常的事，坦然接受就行。遗失的钱包、脆弱的感情、洒了的牛奶、摔碎的杯子……当你做什么都于事无补时，唯一能做的就是让自己好过一点。

我的朋友阿天是个热情开朗的人，非常热衷于为身边的人解决家庭纠纷，一听说亲戚朋友谁家有事，就到人家那里去当说客。其实事情本来没有多严重，家里家外难免有点小矛盾，但是热情的阿天非要认真地给人家调解，常常好心帮了倒忙。弄得人家招呼他不是，不招呼他又不礼貌。有时候，很简单的一件事，常常被他搞得一团糟，最后总是闹到很尴尬的地步。

有句歌词是这样唱的"你的热情，好像一把火，燃烧了整个沙漠"。但是能燃烧沙漠的热情想必热量是非常高的，把这份热情传递给别人必然会烫到他们，让他们远离你这个热源。

人是一个复杂的系统，每一个无意的举动都会产生不能预测的结果，不要因为自己的好心或者无心，对他人造成伤害，因此在关注别人的事的同时，一定要有个分寸，不要越界。

最后说说老天爷的事。那些我们不能左右的事情都称老天爷的事，如天灾人祸等。

人这一生，不能左右的事情确实太多了。有些梦想也许永远不会实现，但在这个过程中，我们做了自己最大限度的努力。尽人事听天命，即使没达到心里所想，也不应该抱怨。

三毛说过，偶尔抱怨一次人生可能是某种情感的宣泄，也

091
第三章 | 责任意识是逆商的根本

无不可，但习惯性地抱怨而不谋求改变，便是不聪明的人了。抱怨本质上是一件最没有意义的事，如果实在难以忍受周围的环境，那就暗自努力练好本领，然后跳出那个圈子。

我有一个朋友从来没有说过别人的坏话，也不抱怨任何人。我问他为什么，他说只是单纯地不想在讨厌的事情和讨厌的人上花时间，我听了无比赞同。这才是成年人的想法啊。在短暂的人生里，花时间琢磨那些讨厌的人和事也是很浪费时间的。

科学家们曾做过一个很有趣的实验：随机挑选两组人来让他们根据信息评价一种手术。测试者向第一组强调手术的正面效果（70% 的成功率）；向第二组强调手术的负面影响（30% 的失败率）。实验结果是：第一组人肯定了该手术的方案，第二组人则选择反对。接下来，科学家互换了对这两组人的说辞，他们告诉第一组人说："手术有 30% 的可能失败。"结果这些人就改变了想法，不再认同手术方案。然后，他对第二组人进行了强调，这个手术还有 70% 的成功率，但是和第一组不同的是，第二组人保持了原有的反对意见。

同一件事，当我们从负面角度先入为主地去想时，就很难关注好的一面。抱怨解决不了问题，因为抱怨让我们将更多的注意力放在了事物不好的那一面上。

　　我始终认为人能不能面对糟糕的事情，是由自己的态度决定的。在这个世界上，如果你把眼神聚焦到糟糕的一面，糟糕也就成了全部，你的心理也会随之阴暗下去。而这种阴暗心理持续时间的长短，反映了逆商的高低。阴暗的心理持续时间越短越好，光明的情绪持续时间越长越好。哪怕只有 1% 的光明，你盯着那 1%，便会不再抱怨，开朗起来。所以，从现在开始减少抱怨，把目光投向美好的地方吧。

第二节

接受现实，但要有原则

　　成长的很大一部分内容，是学会接受，接受分道扬镳，接受世事无常，接受孤独挫折，接受突如其来的无力感。自己做了选择就要接受结果，逆商中很重要的一点是学会担当，为自己做的选择买单也是一种能力。然后，发自内心地去改变，找到一个平衡点，天黑开盏灯，落雨带把伞，允许自己难过，但也不放弃。还记得我高三的班主任是个很"唠叨"的人，第一次模拟考试过后他让同学们写下自己理想的大学和想成为的人，那时候，我们都有梦想。

　　我还记得，独狼小肖每天在教室里喊："我要当兵，以后成为一名铁血的特种兵。"

我还记得，墩柱给我说过，他要当飞行员，以后黑哥买了私人飞机去给他当专职驾驶员，玩笑中透露着坚定。

我还记得，我跟打篮球的兄弟们讲，我的目标是西安交通大学，学金融，以后叱咤商海，翻云覆雨。

我还记得，我把校服认真洗过，让每一个人在上面签字，女神把她的名字签在了心口的位置，还签了两次，我幸福得不知所措。

空闻渔夫扣舷歌，心若灰，萍藻满，无处祭奠。

后来，我们的青春就那么结束了，我们的未来就要来了，期待中掺杂着悲伤，期待未来现在就来，也悲伤这未来需要用青春祭奠。班主任说："这个班的人再也不会聚齐，你们都要奔赴自己的未来了，老师祝你们前程似锦。"真是应了常说的那句话：天下无不散之筵席。

我们就要走了，怀着不一样的期望即将散落在五湖四海。而逆商中担当力的关键体现就是让我们学会接受现实，接受聚散离合。与一同行路的人分别，就意味着以后很多事情需要自己一个人承担。

我喜欢的一个影视剧桥段，是《仙剑奇侠传》第 19 集的最后一幕，六个人一起对着星空，大声喊出自己的愿望。

"我，李逍遥。要做天下第一大侠，我要锄强扶弱，我要名留青史。"

"我，林月如。要让林家堡成为第一大帮，我是女帮主，然后再跟这个臭蛋争第一。"

"我，赵灵儿。要让所有南昭国子民，永远幸福快乐。"

"我，刘晋元。要抛头颅，洒热血，帮当今的皇上，匡扶大唐江山。"

"我，唐钰。不怕任何艰难，要跟我义父一样，忠心铁胆，保卫国家。"

"我，阿奴。要天天开心，一辈子都快乐，天天开心，天天吃。"

每个人的脸上都洋溢着最简单的幸福，然后是漫天璀璨的烟火。那一刻的他们，像极了年轻的我们，柔软而硬气。

后来呢？电视剧最后的结局，就是我们的结局。李逍遥身边的每个人都死了，十年后的他，还会想起那年璀璨烟火下的约定吗？

别后不知君远近，渐行渐远渐无书。

后来，独狼补习一年，考上了西安邮电大学，留在了本地，每天对着电脑敲代码，失去了往昔的好友，篮球场都很少去了。

朋友圈倒是发得勤了，每天不是发"愿我以后活得像个混世大魔王，没心没肺，风生水起，什么牵制我，我就放弃什么"；就是发自己写的歌词："我也曾演绎过独特的瑰丽，不曾想变成飘零的格桑花，再回首不会有一丝兴奋，喜悦如狂也显得格外悲伤，欢欣雀跃也抵不过无能为力，你是我一见倾心的沧海桑田，了无益的相思任他明月下西楼。"一看就是那种没有实现理想的悲伤情绪在深夜两点无端爆发的产物。

墩柱因为英语成绩与飞行员失之交臂，去了山东的一所大学，我记得当时他哭了三天。不过值得庆幸的一点是，他加入了吉他社，用吉他代替了飞上蓝天的梦想，凭借一把吉他，找到了一个眼里全是他的女孩子，让我们这些依旧单身的兄弟好生羡慕。再后来，他考研了，开了一家吉他培训班，业余时间给人培训吉他赚钱，小日子过得有声有色。

我变得很矛盾，选了工科专业学电子，白天上课，晚上写文章，假装很有才气的样子，写一些被人吐槽的感想哗众取宠。不过后来不断有人约稿，我就靠一点稿费养活自己，大学没有给家里造成多大的经济负担。现在再回想起那段日子，就要加个曾经了。那是曾经为了写完稿子熬了好几个通宵的日子，那是曾经把自己和别人的感情经历都写成故事的日子，那是曾经每一个人都在我笔下成长的日子，那是曾经我的前半生最慌张也最快乐的日子。

至于女神，虽然没有考上理想的大学，但她的努力足以惊艳高中岁月。大学里她遇到了良人，偶尔能看到她在朋友圈发的照片，她还是会像以前那样笑，笑起来两个酒窝依旧很甜，只是那个笑，不再对着我。

五月天唱过："后来的我们依然走着，只是不再并肩了，朝各自的人生追寻了。"

你憧憬着的前方有无限的可能，只要坚持心中所想，每个人终会抵达自己所期许的未来。而你必须慢慢提升自己的逆商，学会承担那个不确定的未来。我们终究会放弃一些梦，也会懂得有些梦根本不会实现，那些深夜的痛哭以及不可抗拒的离别，都是青春成长所必须付出的代价。

我们很多人都没有正确对待自己的人生。我们总给自己太多的压力，恨不得 18 岁的时候就一夜成名，我们甚至都吝啬于给自己的梦想播种、灌溉的时间。在我们理性的世界里，我们都知道夏天耕作，秋天才有收获；但在我们梦想的世界里，我们希望春天就能获得人生的大丰收。

每个人面对生活都曾有过挣扎、困惑、无助、委屈、不服，可每个人面对未来又无比地坚韧、相信、努力、坚持、无畏。
这些年，我们脆弱敏感过、丧气懦弱过、失望痛哭过，但从来
没有举起白旗投降过，没有沉沦至底放弃过。勇敢直视这一切，
我们会发现战胜了这些东西它们就会成为自己赢得胜利的盔甲。

　　小时候立志改变世界，长大后才发现这想法不切实际。我
们逐渐接受了现状，但总有些东西值得坚持，如良知，如理智。
这些年我学会最重要的一件事就是：如果一件事发生了，先调
整好自己，接受这件事，处理，远离，不抱怨——最后三个字，
是逆商高的重要体现。

第三节

自我激励——
不要自我麻痹，清醒没那么糟糕

　　很多人一遇阻碍，就变得容易放弃。而逆商的高低决定着人们在处理事情时是否能鼓起勇气去坚持。

　　在成功道路上我们最大的敌人就是自己。因为不自律，所以我们的很多计划到最后都不了了之。我有一个很要好的朋友，他近视将近 1000 度，身子骨比较瘦小，体质虚弱，吃不了凉东西，干什么都是心不在焉的。为了改变自己的身体和精神状态，他进行了很多次尝试，但是每一次都因对自己过于放纵而失败，以至于从来没有真正地为目标付出过行动。

　　比如说，为了早起，他交钱加入了一个现在很火的早起打卡群。这种群有一个硬性规定就是必须每天在规定的一个时间段内打卡，形式各有不同。我简单地了解了一下他们的各种打卡形式。有时会要求大家用文字问好，比如"早安，今天又是阳光明媚的一天"；有时会让人们用一张图片罗列出今天的计划……打卡周期为 21 天到 30 天不等，到了规定日期，没有坚持打卡的人的钱会被没收，拿去奖励坚持打卡的人。他不想自己的钱打水漂，所以每天都会定好闹钟，硬着头皮早起打卡，打完卡就又继续去蒙头睡觉了。这种过分追求形式感和仪式感的操作，用表面上的自律来回避真正的现实，让他产生了一种自己在努力的幻觉。

我们也常常会不自觉地逃避很多事情，以为对问题视而不见它就能不存在了，但是问题只会越拖越严重。之所以不敢面对，是因为我们总是会被自己想象中的高山给吓住。别逃避，要学会及时止损，当你直面问题的时候，就会知道事情根本没有你想象得那么困难。还有人说："早起对我来说并不难，难的是我那么早起来了却不知道干什么，那一瞬间迷茫和无助会向我侵袭而来，我不喜欢那种感受。"

其实，早起可以做的事情太多了，而且它本身就有意义。《奇葩说》的辩手邱晨在经历过癌症之后，意识到死亡是对生命最精准的教育，她强行改变了自己日夜颠倒的习惯，早睡早起，每天早上 6 点起床，1 小时静坐，1 小时锻炼，1 小时洗漱。而等她做完这些，同事们有的才起床，有的还没下班。早起可以帮助我们保持身心健康，还能体现我们的自控能力，是提高逆商的方式之一。

读书的时候，早起是为了有更多的时间来学习；初入职场，早起是为了尽快实现自己职业生涯的目标。我不会为了早起而早起，有时为了保证一天的状态我会让自己多睡一会儿，周末也会让自己睡到自然醒。以前的人们热衷装作不努力，但是私下里铆足了劲，暗地里通宵看书学习；现在的人们流行装努力，肚子上已经有赘肉了，却还要在健身房摆拍出一副自己很努力锻炼的样子。

许多人在"自律给人自由"的口号下，打起了自律的旗帜，向过去的自己宣战。但有多少人在虚假自律中自我麻痹，丧失了直面真实的生活的勇气呢？真实的生活不是打卡活动，而是了解自我、掌控自我。我所理解的真实的生活是：每天认真做好自己分内的事，不奢求目前与自己无关的愿景；不纠结于别人的评价；不自我沉醉，不表演，也不迷信他人的表演。人把自己置身于无意义的忙碌当中，能得到一种麻木的踏实感，但却丧失了真实感。

人一旦陷入自我麻痹中，就会高估自己的能力，排斥显而易见的真相，不愿意接受真实的自己。当人们在听到对自己无用或者不利的信息时，便会刻意地关闭一些感官，好让自己拥有一种安全感。但是真实的安全感，不能够靠着逃避现实、沉迷幻想而获得。能为你带来安全感的做法应该是：努力养活自己，坦然面对自己的孤独，培养使自己快乐的能力。放弃不切实际的想象，开始行动起来吧。一遇到阻力，便下意识地逃避，其实是一种生理调节机制，在某些时刻可能具有一些积极作用，但总体上弊大于利。虽然那样你会感觉很美好，但你终究要面对残酷的现实。

对外界置之不理的行为看似可以让你得到片刻安宁，但是日复一日，你自以为躲避掉的种种问题，终将组成一记重拳将你击倒。所以，不要成为低逆商的人，一遇变故就止步不前；要成为高逆商的人，要像猛兽一样勇敢去搏斗。

如果你不去尝试一下，不去感受一下，就永远只能在梦中幻想着自己理想的实现。我们总会有各种各样的理由。"今天天气不好，不去图书馆了。""有那么多人竞争这个职位，我还有希望吗？算了，我还是放弃吧。""昨天晚上没睡好，今天领导的培训听不进去就不参加了。"

　　当你不想做一件事情的时候，你会从心里找到一百种借口放弃行动。不要把"别人在放松，那我也可以不用努力"当作松懈的借口，当你看见别人在放松的时候，说不定人家已经有了自己的计划，知道什么时候能玩，什么时候该学习，甚至他已经完成了自己的任务。而你恰好看到了别人放松自在的那一面，却不知道他埋头苦干的那一面。

　　马云说过："梦想总是要有的，万一实现了呢？"很多人会用这句话激励自己。但是，马云还说过："今天很残酷，明天更残酷，后天很美好，但绝大多数人死在了明天晚上。"这句话的意思是，如果你只激励自己，而不付诸行动、不坚持下去，你的梦想只能是梦想。

　　只激励自己，却不付诸行动，那你就永远活不出自己真正的样子。你所有的伪装都是想逃避，你所有的逃避都是因为害怕，害怕自己不能保全没有任何意义的体面。当代人的自我麻痹也体现在对待坎坷的态度上，将问题束之高阁、置之不理，于是便会由一个问题衍生出另一个问题，渐渐地，你就会被越来越多的问题给包裹住。对这个世界感到绝望是轻而易举的，只要放弃努力不去尝试就完了；对这个世界满怀热爱是举步维艰的，你需要不停地赶路，有时甚至会迷失方向。

你会茫然无措，但永远要记得，一定要有自己的光芒。当全世界都不站在你这边的时候，你也要学会在乎自己。让自己自信起来，你的自信程度决定着你逆商的高低，逆商的高低对人的命运有着决定性作用，决定着你跨过坎坷的艰辛程度和时间长短。

假如你根本不相信你能成功的话，那么你根本不会动手去做；假如你不开始做的话，那么你什么也得不到。你很优秀，欠缺的不是能力，而是自信，去做你害怕的事，才能消除恐惧。

请让自己害怕，害怕自己碌碌无为；请让自己坚持，坚持了，才会有成功的一天。你不能再逃避了，知道自己的缺点就去克服。找到自我，让真正的你露出原本的面貌。一个有自我的人，才不会被外界轻易打败。

害怕自己尝试后没有结果是多数人的通病。电影《搏击俱乐部》里有这样一句台词："我们的战争充其量不过是内心的战争，我们最大的恐慌是自己的生活。"

我想起"打工皇帝"陆奇，他是全世界大咖挤破头都想得到的人才。他辞去雅虎执行副总裁时，雅虎创始人杨致远直接哭了；他辞去微软执行副总裁时，比尔·盖茨直言："你先休假一年两年，我们等着你就是了。"在复旦大学上学的时候，他就已经全校知名了，因为他个子最小，但是上课背的书包最大。明明光论智商就碾压无数人了，但只要看看他"永动机式"的时间安排表就能知道，高智商的人也要高自律才能让自己的天赋尽情发挥。

每天凌晨 3 点起床回复邮件。4 点跑步，跑上五公里。早上 5 点至 6 点去办公室上班。7 点前，处理完所有邮件。8 点前，做好当天工作计划。晚上 10 点下班，学习 1 个小时。11 点上床休息。算下来，陆奇每天只睡 4 个小时，但是他每天如此，数十年如一日地享受早起、工作和学习。

曾经那个我宁可迟到被扣工资也要多睡会儿，以至于后来不得不默默地把财务自由的目标推迟了几年。一个能做到有效努力的人，才会拥有自由选择的权利。所以，陆奇被雅虎、微软等公司争相挽留，而我却被裁员的消息吓得瑟瑟发抖。

我们终有一天会死去，直到世界上最后一个人将我们忘记，这在几十多年后或更晚的时候会无可避免地发生。那么，在离开之前，是不是要做一些事情来让这短暂一生少一些遗憾，少一些唏嘘。尽可能多地去旅行，看看大自然的万千姿态，万象生机。找一个喜欢的人，分享生活中的快乐，风雨中的忧郁。在阳光下散步，在风雨中奔跑，学会体会事物的悲欢离合、恬淡惬意。

　　我们周围的人，大多庸庸碌碌，忙于生计。想体会生活中的美好，就需要选择正确的方向，付出更多的努力。路途中，各种欲望总是来诱惑我们，但我们需要知道这不过是镜花水月，追求它们只会让我们疲惫，让我们空虚。懒惰会侵蚀我们，让我们昏昏沉沉，无聊至极。父母很快就会老去，看似无忧无虑的生活背后是家庭的重担，那个时候，我们想要做出些什么改变，就变得难上加难、毫无希冀了。难道你真的就没有一件想做的事吗？

第四节

控制情绪——
不要推倒人生的多米诺骨牌

逆商低的人无法控制自己的情绪，但发泄到他人身上的情绪
带来的负面影响，会沿着"踢猫效应"的传播链作用回自己身上。

心理学上有一个著名的"踢猫效应"，这不是什么虐待小
动物的心理疾病，而是一种情绪的连锁反应。讲的是一个老板
一早起床被老婆骂了，他虽然安慰自己大男人不能跟老婆计较，
但是心里还是憋屈得难受。他到公司刚坐下还没来得及喝口水，
员工就进了办公室汇报工作。老板本来就心里不痛快，于是一
腔怒火就冲员工烧了过去。员工想着赶紧把工作汇报了，好继
续接下来的工作，结果平白无故被老板骂了一顿，一天心情都
不爽，想想就来气。员工下班回家，老婆已经把热气腾腾的饭

菜做好了，招呼他吃饭，憋了一肚子火的员工，冲着老婆就骂道："吃！吃！吃！一天除了吃饭做饭还会点什么？"老婆满心欢喜地给老公做了菜，等着老公下班一起吃饭，结果被老公莫名其妙地臭骂了一顿，心里难受得想哭。孩子放学回来了，一进屋看见爸爸一脸怒气，问："妈妈呢？"员工没好气地指了指屋里。孩子书包都没放下，就去看妈妈怎么了，却被妈妈劈头盖脸一顿骂。孩子心里也不好受，本来是想哄妈妈出来吃饭，被妈妈这样一骂，心里满是委屈。他放下书包出了门，在马路上晃荡，看见猫摇晃着尾巴跑到了自己跟前，孩子一脚踢向猫，猫被踢之后慌忙跑了。这时，老板驾驶着一辆汽车经过，突然一只猫窜了出来，老板猛打方向盘躲避，撞到了正在路上行走的孩子。

　　生活中的每个人，或多或少都被情绪控制过。上台发言时，紧张得手足无措，甚至失去了平常的水准。某件事情搞砸了，就一直被其困扰，提心吊胆，导致其他事都干不了。木心在诗中写道："从前的日色变得慢，车、马、邮件都慢，一生只够爱一个人。"然而现代生活的节奏越来越快，从前的时光已经回不去了。人们在快节奏的生活中面临着越来越大的压力，精神和身体经常处于紧绷状态，好像一张张满的弓，再多使一点劲就会崩断；也好像一只驮满了货的骆驼，再加一根稻草就会被压垮。在这种状态下，人的心理承受能力极其脆弱，一点不顺心的小事就会使得情绪一落千丈，怒火也会像蠢蠢欲动的火山一样，被牵动爆发。

你周围的人也许都深处这种状态中。你不知道你路上随随便便碰到的一个人，情绪有多焦躁，有多需要找到一个发泄口。可能这个路人的孩子刚刚发高烧被送去了医院，他自己却还要赶去上班；可能他父母接连生病，存款已经还不起下个月房子的贷款了；可能他和伴侣大吵了一架，早上出门时还发现自己的车子被画了一个滑稽的笑脸……在步入社会后要学会克制自己，压抑住自己的情绪，在情绪激动的情况下做任何事都会受到影响。其实这也是一个提高逆商的过程。

古人云：克己。克己，就是遇事从容，能用理智控制好自己的情绪，与人为善，给周边疲倦的心灵以慰藉和鼓励。一个家庭主妇在她的房门上挂了这么一块木牌："进门前，脱去烦恼；回家时，带来快乐。"在她的家中，男主人一团和气，孩子大方有礼，一种温馨、和谐的气氛充盈在整个空间。有人询问女主人为什么要挂那块木牌，女主人笑笑说："有一次，我在电梯的镜子里看到一张充满疲惫的脸，一副紧锁的眉头，一双忧愁的眼睛……把我自己吓了一大跳。于是，我开始想：孩子、丈夫看到我这副愁眉苦脸的样子时，会有什么感觉？假如我对面也是这样沮丧的面孔，我会是什么反应？接着，我想到了以前孩子在餐桌上的战战兢兢，丈夫在家里的冷淡。原来我都认为是他们不对，后来才发现真正的原因在于我。当晚我和丈夫长谈了一番，第二天就写了一块木牌挂在门上提醒自己，结果被提醒的不止是我，而是一家人，这块牌子让我们家越来越轻松……"

女主人不经意间的一个举动，让原本死气沉沉的家庭焕发出生机，如果我们稍稍用心，认真地调节自己在生活、学习、工作中的情绪，就能将"踢猫效应"的传递链生生截断。

生活中我们不可能不犯错误，意外和无常随时会出现，我们随时会成为"踢猫链条"上的一个环节。遇到可以发泄的机会，每个人都有将情绪发泄出来的倾向。所以，先调整情绪，后处理事情；情绪调整不好，事情只会更糟。情绪传递的过程中，如果没有人主动中断这种传递链，最后受伤的不只是最无辜、最弱小的那个，还有我们自己。这是一条损人害己的情绪链。那么，如何打破"踢猫效应"的连锁反应，阻断恶劣的情绪链，从而减少悲剧的发生呢？

1. 判断情绪的根源

判断情绪的根源能够让我们更好地辨认自己的情绪，了解自己的感受，如此一来，我们才能采取正确的行动来解决问题。

比如说，朋友递给你一个抹茶冰激凌，你接过冰激凌的手突然颤抖，本该开心的表情开始凝固，一种悲伤的情绪突然无法控制地将你席卷。你想起了和前任在一起的美好时光，可惜回不去了。

你开始感到悲伤，并且陷入这种悲伤的情绪不能自拔。如果认真判断情绪的根源就会发现，你前任最喜欢吃的就是抹茶口味的冰激凌，你拿着冰激凌就不由自主地想到了他，因此悲伤的情绪不由自主地到来。这时，你知道了问题出在冰激凌上，要想走出悲伤，只需换掉手里这个冰激凌，并停止脑海中的联想，忘记你们曾经一起走过的熟悉的路、游过的陌生的海、吹过的风和淋过的雨。

当你觉察到自己的情绪变化，并且找到了情绪的根源，你就可以冷静思考了，因为觉察本身，就是一种疗愈。

2. 放弃盲目的假设

具有创造力的高敏感情绪者的创造性思维往往会将各种事情联系起来，这是别人做不到的。这种思维的人有一种优势，他们能以不同的方式看待和理解世界。然而，有时候他们会将本没有关联的事物联系在一起，夸大自己的错误，给生活增添不必要的痛苦。要改变这样的思维模式，就要尽量不去解读他人的言下之意，分清事实真相和主观解读。

事实真相是指能直接观察到的事物状态，而主观解读是人们对事物状态做出的头脑反应。比如说，你能观察到有人皱眉，这是事实真相；但是你对皱眉的原因进行猜测，这就是主观解读。而只有皱眉的这个人才知道真正的原因，不管你猜测得有多准，都不如亲自去询问对方。所以如果有疑问，一定要直接去询问别人的意见，而不是自己盲目假设。

如果别人真的在生你的气，你也应该把关注点放在"解决办法"上，询问对方："当你生气的时候，我可以为你做些什么？"而不是把心思放在"自我攻击"上，不停地发问："你怎么生气了？我真是没用，怎么连朋友／恋人／家人的关系都处不好？"

3. 转移注意力

如果手头的事情亟待处理，你却总是钻牛角尖，陷在自我构建的情绪牢笼里不可自拔，那就采取转移注意力的策略。试着在大脑里回忆一个感兴趣的问题，然后将注意力倾注在这个问题上。获取新的信息对大脑来说是一种奖励，强迫大脑思考这个问题，这样的话，原先的情绪刺激就会被抛之脑后，从而慢慢被遗忘。

只要让大脑跑起来，投入到另一件事中，你就会发现，刚才的情绪平复了很多，再也没有之前手忙脚乱的感觉了。

无论情绪多么糟糕，人都不应该做情绪的奴隶。遇见刺激了缓一缓，让自己静半刻，慢半拍。控制好情绪，把目光投向别处，不要伤人伤己。一道伤口，划下去只要几秒钟；一句伤人的话，在空气中很快就会消散。但是，被伤害的人，需要很久时间才能痊愈。

很久之后，那些扰乱你的，让你崩溃、害怕、恐惧的事情，在你充实的生活里，将变得不值一提。愿你不畏耳边的恶言，愿你不惧脚下的淤泥，愿你清澈明朗，眼中总有光芒。

很多时候，人生就是一副多米诺骨牌，我们每次对别人发的无名之火，最后都会让我们自食其果。懂得控制自己的情绪，宽容待人，很多时候，实际上是放过了自己，也取悦了自己。这些年来，我不再追问生活中的挫折让我怎样痛苦，而是学会了问自己这个挫折教会了我什么。这是逆商教会我最重要的事。

第五节

风险管理——
既然有选择，就一定有代价

　　人的一生没法选择的事情太多了，如家庭、长相等，但是，可以凭借自己的努力去改变的东西也有很多。例如：选择在失望时给自己一句安慰；在落寞时给自己一个拥抱；在挫折中提高自己的逆商，选择勇敢面对未来。你现在的样子是你过去所有选择叠加的结果。你既有所求，就要付出代价，你不能奢求向远方迈进的同时保持着不变的灵魂。

　　我从小接受的教育都是这样的，老师拿着书本告诉讲台下一个个天真的小孩子：只要努力就会有收获，人生从来没有天上掉馅儿饼的财富和坐享其成的成就。多年以后，我才知道那个老师骗人，前半句明明是错的——要是努力就会有收获，世界上也就不会有那么多碌碌无为的人了。

其实很多时候，困难会被人以不同的方式熬成一锅鸡汤，告诉大家：世界有无限可能，只要你努力，只要你不放弃，就能获得成功。开始我也希望这是真的，因为你我，绝大多数人，都是这个世界的弱者，有着普普通通的生活，普普通通的面孔，普普通通的心跳。绝大多数普通人都想成为扳倒大象的蚂蚁，但最后我们发现自己剩下的似乎只有身体里那一点可笑的不甘与雄心。

记得认识的一位品茶大师，曾经给我讲过这样一个故事。有一次，一个好友偶然获得了一些好茶，请他去品一品，让他给些看法，抱着对好茶来者不拒的态度，他去了。好友早就在门口等着他，将他一路迎到客厅，招呼他说："你想必渴了，茶正在茶水间煮着，先喝点水歇一歇，马上就煮好了。"

他拿起朋友递过来的水喝了几口。等茶上来的时候，他细细地闻着，慢慢地品了一口，顿时，他慌张了。因为这次来朋友家，他没有品出这茶的味道来。后来才明白，问题出在他刚来时喝的那瓶水上，那瓶是带着甜味的气泡水，影响了他的味蕾，让他品茶时出现了偏差。外人看来很轻松的品茶、品酒的职业，对味蕾的要求特别高，所以从业者时刻要保持对茶和酒的敏感，平时不能吃辛辣的东西。

一个歌手，我们只看到他在舞台上发着光，却没看到他每天早起练声的艰辛；NBA超级巨星詹姆斯，我们只看到他是职业联盟的第一人，球场上的"小皇帝"，却不知道他每一餐的饮食都是按照一定分量搭配的，为了保持肌肉力量他从不暴饮暴食。

是的，这是一个只看结果的时代，人们只会看到你飞得高不高，从来不会有人管你飞得累不累。不管你之前是蜗牛还是雄鹰，只要你到达了金字塔顶端，你就是英雄，万众瞩目；但是，即便你拼尽全力，哪怕只差一个台阶就到达金字塔顶了，一旦最后摔了下去，人们就不会记得你努力过，你也只是一个失败者。你必须不断向前奔跑，也必须做好承担失败的准备，有选择就有代价。一个逆商高的人，既能迎接得了成功，也能担得起失败。做选择这种事不能投机取巧，不管你是普通人还是天之骄子，上天都一视同仁。

在中国还未出现云计算这项技术时，阿里的王坚就率先提出了"阿里云计算"的超前构想。然而当王坚开始带着团队研发"阿里云计算"时，却遇到了重重阻碍。因为他空降成为高管，连代码都不会写，所以人们公开嘲讽他是"忽悠""骗子"。没人理解得了他的构想，面对一切质疑，他也不可能一一解释清楚。他要从零建立一个从来没有人做过的东西。都说万事开头难，比开头更难的是无中生有，彼时的他，拿着巨资，在做一件别人看来虚无缥缈的事。

几年过去了，钱也花了，汗也流了，没有任何成果，越来越多的人，开始质疑阿里云有没有未来。每年大家都会讨论：王坚要卷铺盖走人了吧？阿里云公司会不会被拆掉？云计算就是瞎扯……

王坚曾是杭州大学的博士、微软亚洲研究院的副院长，这样一个天之骄子在遭人非议时，心理落差是极大的。再坚强的人，也有脆弱的时候，面对所有人毫不掩饰的嘲笑与质疑，2012 年阿里云年会上，他哭得像个受了莫大委屈的孩子。他说："这两年我挨的骂比这辈子挨的骂还多。但是，我不后悔。"

没有人知道，那段时间他是怎么挺过来的。

所幸他没有放弃，带着为数不多的工程师拼命努力，2013年，阿里云成功地把 5000 台机器连在一起。在他们之前，没有人做出这样的成就，他们做成了，还拿到了中国电子学会的特等奖。

再后来，通过阿里云技术的帮助，天猫销量破百亿元，阿里巴巴在全球拿下 140 万客户，为阿里巴巴创造了一条新的科技赛道。2016 年，阿里云为 37% 的中国网站保障安全，为全球 76.5 万用户提供云计算和大数据服务，目前在国内排名第一，在全球排名第三。

王坚选择了一条从来没走过的路，经历过很多的质疑，担负着拼尽全力也不一定成功的压力。但这是他的选择，他坚持了，他成功了。

我们活在这个世界上，不断地选择，不断地被挑选。我们知道针扎在自己身上很疼，但是当真的被针扎的时候，并不会因为我们事先知道很疼而减少一丝一毫的痛苦。我们都知道成功很难，但是这种预知并不会让我们变得轻松。就像我的兄弟，从大三第一学期开始决定考研，夏天没有空调的教室里有他的身影，冬天天还没亮的路灯下有他的身影。我在想，这么努力的一个小伙子，老天肯定会眷顾他吧。可是后来怎么样了？

成绩出来的那一刻，我第一次见到一个铁骨铮铮的汉子一言不发地抹了一把眼泪，告诉我他自己想一个人去静静。

《闻香识女人》中有句话："如今我走到人生的十字路

口，我知道哪条路是对的，毫无例外，我就知道，但我从不走，为什么？因为太苦了。"我认为这种想法极其颓废，因为每个人都知道通往梦想的路途不会一帆风顺，努力了不一定成功——但不努力一定会失败。我比较喜欢 NIKE 的那句广告语——"just do it（尽管去做）"。很多时候你只有去做了，才会更清晰地看到自己的未来，要不然一切都会停留在那些别人总结的结论和概念上。你明白爱情是一种化学物质分泌的结果，但是你并不知道那能给你带来多么美妙的感受；你可以想象出美丽的景色，但是你却没经历过亲眼目睹的震撼；你从书中看到过历史，但你却看不到真实岁月的沧桑。

你没有体会过，但是你却因为害怕而不去选择，你怕会被拒绝而放弃追逐爱情，你怕崭新的鞋子被弄脏而放弃寻找美景。你不去种花，因为不想看到花的凋谢。你可以害怕花谢，但你会因此错过花的美丽芬芳。为了避免结束，你避免了一切开始。

很残酷的是，也许你努力了也不会成功。但你不能因此放弃，人应该向往的是通过努力和奋斗去开拓更广阔的人生，那样的人生才是有价值的、珍贵的。你可以害怕失败，但是不能

就此懦弱，选择不去体会、不去开始。不能放弃那些可以改变
人生的机会。

第六节

交往原则——
恪守底线，不随意越界

中国有句古话说："各人自扫门前雪，莫管他人瓦上霜。"
这句话看着有些冷漠，其实从另一个角度来看，是在告诉人们
凡事要有分寸感，有些人往往出于好心而跨越了私人边界，变
成让人讨厌的角色。

热情的人有时会拥有一种内在的需要，这种需要是一种虚
荣的心理——什么都想关心，什么都想干涉，以此来证明自己
能力强大，只有自己能胜任某项工作，别人都处理不了。因此，
在生活中，这类人就想用热情待人来满足自己的心理需要，无
论什么事都要关怀一下。生活中总有这样一些人，过度热情。
我曾听过这样一个故事，有一只猴子十分热心地把一条鲤鱼从

水里捞上来，放在草地上晒太阳。麻雀惊奇地问它："你到底在干什么？"猴子得意地回答："你没看到它快淹死了吗？我救了它一命，是不是感觉我很友善？"这虽然是一个笑话，却是过度热情的人的真实写照。

俗话说，说出去的话，就像泼出去的水。残酷的是，说话是成本很低的举动，却往往是伤人最深的。伤人的话一旦出口就收不回来了，就像是一颗颗钉在墙上的钉子，即使钉子拔下来了，洞也一直都会在。逆商能让我们坦然面对和他人相处的种种规则，会使我们的言行举止让别人感到舒服，同时，也不会显得我们自己做作。

我听过这样一个故事。有一个农户在深山里捡回来一只狗熊，之后便一直养着它。不料有一天，狗熊把邻居家的玉米地给糟蹋了。邻居很生气，找上门来理论。农户听闻后，拿起棍子朝狗熊一顿乱打，一边打还一边骂："畜牲始终就是畜牲，我白养你了。"接着，他便把狗熊给赶出去了。过后，农户很后悔，便去找狗熊，可是怎么找也找不到。后来有一次，他上山打猎，碰到了一只老虎，觉得这次死定了，便想着束手就擒乖乖认命。没想到这个时候，那只狗熊出现了，帮他把老虎赶走，救了他一命。农户看到狗熊后，又惊又喜，情不自禁地去抚摸它："上次我打你的地方还疼吗？"狗熊说："早就不疼了。可是你说过的那些话却还让我觉得很疼很疼。"说完，狗熊头也不回地回到了深山中。这个故事就是在说"恶语伤人六月寒"的道理。

周国平说过，分寸感是成熟的爱的标志。他懂得保持人与人之间必要的距离，这个距离意味着尊重对方的独立人格，包括尊重对方独处的权利。让人舒服的关系是互相支持却不控制对方，互相关怀而不成为彼此的负担。与人相处既要有亲密感又要给对方独立的空间，更要有爱。我们应该恪守交往原则，防止自己越界。找准分寸感，这是判断一个人逆商高低的关键之一。

中国人一直很讲究一个"度"，常说的"月盈则亏，水满则溢"就是这个意思。所以说，万事须讲"度"，率性而为不可取，急于求成事不成；心慌难择路，欲速则不达。过分之事，虽有利而不为；分内之事，虽无利而为之，是为"度"。这个"度"其实就是"分寸"，也是与人相处的过程当中最难掌握的。

在芬兰，有一个很有趣的现象。乘坐公交车时，尽量不要坐在已经落座的人身边，最好与人隔一个空位。万一你不知"规矩"傻乎乎地一屁股坐下了，你身边的人很可能立刻起身去找另外的空位。这种"不留面子"的举动会让你相当尴尬。同样，他们排队等车时也很有意思。一条长队，彼此恨不得隔个一米的距离。每个人都在做自己的事，看报纸、读书、玩手机或是沉思。在他们看来，应该为彼此保留私人空间，不贸然侵入，这是起码的礼仪。

做人处事，如果失了分寸感，只会把对方推得更远，产生更大的隔阂。很多人会误会，以为私人空间是双方划出的一个毫无交集的区域，再插上禁止进入的牌子，约法三章不得冒犯。可是真正意义上的尊重私人空间，是承认每个人具有独立的人格，不随意侵入对方的生活，不轻易干涉对方的决定和想法。通过保持某个相处距离，示意自己给对方最大的尊重和信任。

有个词叫过犹不及。超过某个界限，尊重就没了。马东曾这么称赞过何炅："情商那么高，那种周到和八面来风，都在他的掌控之间。"何炅作为主持人能够知进退、懂拒绝，这是日常处事的分寸感。记得有一次看他主持的一个美食节目，那一期的嘉宾是演员姚晨。节目一开始，按照惯例，何炅会和一位年轻的主持人一起打开姚晨的冰箱，了解冰箱内的食材。在发现了一份姚晨奶奶酿制的小吃时，何炅征求了姚晨的同意，与现场其他厨师分享了。接着，又翻出了一份价值不菲的巧克力，姚晨介绍是女儿百日宴时章子怡送的。那位年轻的主持人在得到姚晨的同意后，正打算拆开尝尝，却被何炅不动声色地拿开了。

年轻人没有想那么多，可能觉得既然嘉宾同意了，尝尝也没关系。但何炅这个动作，却体现了他的分寸感。小零食可以分享，但贵重的东西，即使主人同意了，也不能随便吃。何况当时的情况，众目睽睽，姚晨是无法拒绝的。一个有分寸感的人，有很强的共情能力，理解他人的处境和心境，懂得适时拒绝。我们该如何像何炅老师一样，也做到有分寸感，给人如沐春风的感觉？

1.觉察越界的标志

我们的感官能让我们在一定程度上理解他人的意图，感受体验别人的情感。人类学习新知、与人交往、认知和模仿的能力都建立在神经元的功能之上。我们在公众场合与他人的互动行为是否有分寸感，神经元会给我们反馈和指导。是否越界，我们可以从对方的反应来判断，如果你试图关心对方，对方却非常反感，那可能就是越界了，要注意回到自己的领域。

2.别人没有先行找你协助解决某问题，你不要主动去干涉过问对方

也许他没有想好，也许他自己可以解决，也许时机不到。

孔子说的"不愤不启，不悱不发"也可以应用在此处，如果对方不进行思考并且没有体会，就不要去开导他；如果对方没有经过冥思苦想，就不去启发他。对方才是解决和改进问题的主人公，我们不要主动提出："让我来帮助你吧！"即使你认为自己看到了问题的核心并有了解决方案。

3. 对方情绪低落时，给对方时间和空间，让对方慢慢恢复能量

情绪也许有引发事件，也许没有明确原因。多数情绪低落与压力、劳累有关。不要试图去问候，去安慰，去同情，去说服……你只需要说："我相信你会处理好的，如果需要，我永远在这里，永远支持你！"

4. 沉默的高品质陪伴，比喋喋不休更有爱的力量

你的话无论多么正确，出发点无论多么为对方考虑，如果对方此时不需要，一切都是噪音。你试图改变一个人，或许只能带来对方的抗拒。

人和人既然是不同的个体，也就有着天然的界限。

《请回答 1998》中说："所谓的界限，就是到那里为止的意思。"人必须保持适当的距离，有一定的分寸感，才能在不论什么场合都成为值得尊敬并受欢迎的人。就像网上说的，一个人

可以不漂亮，但每个人都可以做到干净得体、掌握分寸。

分寸感是一个人的基本素养。哪怕是经历足够多也不必处处炫耀。不小瞧他人的小确幸，不打击他人的梦想，不在公众场合肆无忌惮地评判他人，自信而不自大，有自己的坚持却不需要别人跟自己一样……合则一起前行，不合则各自上路。

有时候你的直率，在别人看来是冒犯，分寸感和界限是很难把控的一个东西。事实上，我们一辈子都在找一个与人相处的"度"，从复杂的人际关系中，找到自己的位置，划定相处的界限，不伤害他人，也不委屈自己，这就是修炼逆商的意义之一。

第七节

压力测试——
适当给自己减负

　　这是最好的时代，也是压力最大的时代。生活在这个竞争激烈的社会，绩效指标在肩上，裁员的风在耳边呼呼地刮，你不努力就得被淘汰，没有谁没有压力。

　　在压力面前，大多数人都会心生抱怨，寻找失败的借口，所以压力来临的第一个信号就是让人自行失去信心。很多人谈到压力就会大惊失色，但其实压力也有好的一面，它会把碳变成钻石，把我们变成更坚强的人。逆商的意义不在于直接对抗压力，而在于如何正视压力，正视压力的同时，平衡压力，才是逆商的本质。学会将压力处理得当，会很大限度地成就一个人。当压力变为生活的动力，便会催人奋进。

　　前段时间，中国人的睡眠时间成了大众热议的问题，三亿人睡不好觉的大数据让人心惊胆战。人人都知道早睡早起身体好，晚上 11 点应该睡觉了，有的人可能还没下班；早上 7 点应该起床了，有的人可能才刚刚睡着。头发一抓掉一大把，体重一斤一斤往上长。有一批不堪重负的程序员搞了一个大事情，在程序员社区发起了一个名为"996.ICU"的项目，抵制互联网公司的 996 工作制。可是这样的抗议得到的结果却是：班还得照样加，压力还得照样扛。

　　茅侃侃自杀对我们是一个警示。在自杀之前，他是一个站在巅峰的天才，17 岁高中辍学，23 岁成为 CEO。就如同今日的 90 后和 00 后一样，当年的 80 后也备受质疑和抨击，被称为"垮掉的一代"。而茅侃侃横空出世，作为 80 后登上《中国企业家杂志》，成功反击了时代的质疑。之后，他和泡泡网 CEO 李想、康盛创想 CEO 戴志康、海川传媒总裁高然，共同收到了央视《对话》《经济半小时》栏目的采访邀请，风光无限。那一年，是茅侃侃事业的巅峰。

　　之后，茅侃侃经历了四次创业，只可惜，这些经历都没有给茅侃侃带来更多的机会和荣誉。在后浪崛起的今天，他早已陷入沉寂，一次又一次的失败，带给他的只有越来越大的压力以及越来越严重的抑郁。据报道，茅侃侃患抑郁症足足有十二年之久。面对压力，这位经历比大多数人都丰富的天之骄子，也没有完美的应对方法。某些看似漫不经心、无忧无虑的人，他们内心的压力没人看得见。面对压力，很多人都选择逃避，不敢去面对，这是一种消极的态度。

压力是一把双刃剑，如果把握得好会成为你人生的动力；如果没有把握好，那压力往往会有着负面的影响——不能正确对待压力的人会产生抑郁、焦虑、痛苦乃至悲观的感觉，会觉得人生毫无乐趣；自制力下降；独立工作能力下降；平时好动的人变得懒惰，平时安静的人变得情绪激动，原本随和温柔的人突然暴躁易怒。

心理压力大的人会渐渐变得冷漠而轻率，他们仍然能处理琐碎的问题和日常活动，但是对于重大问题，他们会非常担忧从而无法做出正常决策，进而做出极其不理智的选择。逆商起到的是疏通的作用，而不是堵截，疏永远比堵有效。

从生理上来讲，身体在受到压力的时候，大脑会认为人身受到了威胁，从而启动应激系统——在遇到压力的情况下，身体会自动进入应激模式——抑制消化、免疫系统，使得神经反射、肌肉、心跳、呼吸系统变得活跃。由此可见，压力会很大程度地影响人的健康。

想要摆脱压力的束缚，最先要解决的不是压力，而是对压力的误解。对压力而言，解决问题的关键不是摆脱它，而是学会和它共处，去观察压力，理解压力，并接受压力。只要处在现今的社会中，我们就不得不面对各种压力，如社交压力、业务压力等，这些都会让人变得不那么积极。

去年，某节目中的选手杨超越火得一塌糊涂，动不动就哭这件事被网友批判时，她说了这样一段话："哭只是过程，不是结果，只是部分人释放压力的一种方式而已，有时候，想哭就能够放肆地哭何尝不为一种幸福，只要能够释放你的压力，就尽可能地去哭吧。"

压力本来就是人生的一部分，不要把它当作洪水猛兽，更不要否定它，我们应该坦然地去接受它的存在，毕竟，可怕的不是压力，而是我们对压力的想象。

要正确理解压力，需要知道压力来自什么。压力一部分来自自身，因为自己对自己有要求，所以这时压力也可以算作动力。

剩余部分的压力，则是更多地来自他人的期待。不管是思想语言上，还是行为习惯上，外界都希望你能达到某个标准。

父母望子成龙，希望你有一个好的未来，在他们垂垂老矣不再有照顾你的能力之前，成为一个独当一面的人。朋友对你会有一些评价，你会希望这些评价里夸你的多一点，数落你的少一点，不然你也会有压力。为了找到一个更优秀的另一半，在把自己变得符合对方标准的过程中，你也会有压力。

人是所有社会关系的总和，但千万别被社会关系捆绑。或许你迎合别人会吃到一点甜头，但慢慢地你就会被别人的期望压垮，自我就会被反噬。你有你自己的生活，未来的路怎么走只需要知道一点就好：尽心尽力，无愧于心。

我们的压力来自各个方面，每个人应对压力的方式也各有不同。人为什么会有压力呢？压力的产生通常分为两个阶段，第一个阶段：发现一个棘手的情况，而这个情况可能会威胁到目标的最终实现。比如说，忽然跳出来的一个竞争对手，跟你竞争唯一的升职名额；准备许久的演讲 PPT 不能播放，无法给予评委最好的展示结果，影响到最终的比赛成绩等。

第二个阶段，你发现自己可能不具备解决这个威胁的能力或资源。你认为自己不管在能力还是履历上，都无法比过竞争对手，由此产生了放弃的想法，但是又极其不甘心；你对电脑操作极其陌生，也很懊恼明明好好的 PPT 为什么突然就不能播放了，你询问了现场的所有人，他们都无法给你答案，眼看着付出心血的比赛不能获得一个满意的结果，你的压力如潮水般涌来。

任由压力积累很可能是危险的，那么我们如何提高自己的逆商，正确应对压力呢？

1. 认清压力的来源，以及它的必然存在性

你有没有发现，有时候压力来得莫名其妙，甚至自己都不知道自己为什么有压力。这时候，你就需要注意一下这种感觉了。压力是我们察觉到自己正面临着至关重要而又无法应对的困境时，身体和心理产生的紧张感。在生活中，我们在遇到挫折、冲突和变故时往往会产生压力。人生在世，大多数人都喜欢活得自在，但往往大家都会被环境所迫，被他人所逼，没有办法只能硬着头皮前进。但是，外界压力是客观存在的，每个人或多或少都会面临压力，生活中也不能缺少压力，适当的压力有助于激发人的潜能，使人做出更大的成就。面对压力的反应不同，应对压力的方式不同，结果也会有很大不同。

2. 学会换个角度面对压力

美国著名的健康心理学家凯利·麦格尼格尔博士认为：压力未必是影响人类健康的杀手，但是如果你认同压力影响健康

就一定会被压力所压垮。当人们出现由压力所带来的焦虑之类的生理反应，诸如心跳加速、呼吸急促，甚至满头大汗等现象时，或许我们可以将其理解为身体活力充沛的特征，表示我们已经蓄势待发，准备好迎接挑战了。

在哈佛大学的一项有关压力的测试中，被试者被告知如何将压力当作助力。测试结果发现：在相同的社会压力之下，被测试者所产生的焦虑少了，自信心却上升不少。在生理上最直接的反应是，他们的血管相较于认为压力有害的人的血管更为健康和放松。

我们之所以认为压力有害健康，是因为压力与心血管疾病有着直接关联。但当我们将压力当作助力时，血管却依然如平时一样健康。由此可见，如何看待压力，将直接影响我们的健康状况。我们可以完全按照凯利·麦格尼格尔博士所说的，将压力带给我们的生理反应当作已经做好准备的象征。

我们是哭着来到这个世界上的，一生都在追求怎么活得更加轻松，如何笑得更加纯粹。人既然有所求，就要付出代价，压力就是我们追梦路上的绊脚石。人想要活得轻松，就不可能没有压力，即使什么都不干、只顾享受的人也会面临迷茫和压力，他们只是把舒服给了身体，痛苦给了灵魂而已，世界上没有完美安逸的生活。

我们有追求，人生路上肯定会经历各种辛酸和痛苦，但是也会遇见许多美好，看到坏的一面的同时，也要发现好的一面。选择把压力当作压垮自己的大山还是当作助人前行的朋友，都是由自己决定的。

美剧《行尸走肉》里有一句台词是："总有一天，你所承受过的痛苦会有助于你。"与其和压力互相伤害，不如和它温暖相拥。而逆商的高低，决定着你对压力的态度。

第四章

陷入逆境时，
高逆商者告诉你的真理

第一节

高逆商的人往往拥有很强的控制感

　　人生是一场长跑。如果你长跑过，你就知道决定胜负的关键并不是一开始是否跑在前面，而是如何合理地分配你的体力。只有通观全局，知道什么时候留存体力，也知道什么时候应该冲刺，才能在最后拿到好的成绩。前面用力太猛的话，就会后继乏力，以至于功亏一篑。

　　田忌赛马的故事中，在各方面条件处于劣势的情况下，孙膑能想出用上马对中马、中马对下马、下马对上马的策略，绝对不只是因为超高的智慧，而是因为他极高的控制感。无论局面多么糟糕，高逆商的人总能透过一切消极因素，看到积极的一面，从中发现自己能掌控的因素，坚信自己能控制局面，最终反败为胜。

有一个很有名的篮球运动员，在比赛前表示自己疲惫无力，队医都认为这是训练过度造成的。后来，这位球员自己表明：在近几个月的时间里，他经历了家庭经济困难、比赛状态下降，因此染上了恐慌症，险些葬送了性命。这些后果并不是训练过度造成的，而是因为他已经无力控制自己的生活了。

许多人都经历过生活的无力感，由于学业、工作、生活中的各种压力对人生感到不知所措，心理学上已经证明："控制感是人类务必要应对的所有心理变量中，能决定人们是否能快乐、健康、成功的基本元素之一。人们所做的很多努力，从婚姻到体育运动，再到学术成就，全部能展现出控制感发挥的作用。"

人们会在控制感丢失之后迅速崩溃，身体和工作都会受到严重影响。人们将失去对现实正确的感知，并无力再付出努力。当一个人丧失了控制感，他人生的一切都会显得那么混乱。从沮丧到绝望的时候，一个人究竟还能做什么？

许多绝望崩溃的人，根本不曾想过这个问题。就拿考试来说，经历过考试的人都感受过那种备考过程中的失望、焦虑乃至崩溃。当你走进高中教室、大学里的图书室或者自习室，你很难从表面上分辨出在里面学习的人有什么不同，他们都是一样的：做笔记、解题、互相讨论，时不时地转动手上的签字笔，或者抓一把自己的头发。但是差别在人的思维内部已经产生了。

有的人在无力地坚持，盲目地坚持，心中充满着无限的紧张感，只是希望在不断做题、记笔记的过程中冲刷掉由于紧张带来的恐惧。而另一些人虽然也处在焦虑之中，但他们认真地做笔记，认真对待笔下的任何一个单词、一个公式、一道题目，只要能学有所获，不管多小的知识点，他们都会试图彻底掌握。一个单词写一遍记不住就写两遍，两遍不行就写三遍，一道题目一遍做不出来就做两遍，两遍不行就做三遍，直到完全掌握。他们也不确定是否能取得让自己满意的成绩，甚至不知道时间是不是来得及。但是他们知道，自己能控制什么，不能控制什么，他们的控制感能让其在这个努力的过程中越战越勇。

关键就在于，无论做什么，都要把你能控制的环节做到最好。这个方法可以很好地让你走出无力和焦虑，能让你更好地去寻找令内心变得坦然宁静的力量。

心理学上有个"斯托克代尔悖论"，源于一名在越南被俘的海军上校，他靠着坚强的信念，熬过整整八年的悲惨战俘生活，坚持到最后获释。在后来的访谈中，他告诉访谈者，在战俘营中没能活着出来的，偏偏是那些非常乐观的人。斯托克代尔说：

"那帮乐观主义者会说'圣诞节之前，我们一定出得去'。圣诞节过了，然后他们又说'复活节之前，我们一定出得去'。复活节又过了，然后是感恩节，再然后是下一个圣诞节……结果一个失望接着一个失望，他们逐渐丧失了信心，再加上生存环境的恶劣，于是郁郁而终。"

人们身处逆境时总会犯下这样的错误，在对前景充满乐观时忘记了现实的残酷性。然而，脱离了实际的乐观只能称为盲目乐观，盲目乐观带来的后果，往往比悲观更加可怕。

曾有一支登山队攀登一座海拔五千米的高山，在爬到一半时，有个人出现了强烈的高原反应，虽然非常想要登顶，可他还是选择停在原地，等其他人登顶成功后，与他们一同下山。一名记者采访他："你没有登上山顶不会感到遗憾吗？"可他回答道："这有什么可遗憾的，我已经达到了我的极限，达到了我一生的顶峰，我认为我就是最棒的。"这名登山者知道自己的极限在哪里，知道再走下去自己会垮掉，现实的残酷，不仅仅体现在逆境的严酷上，也体现在我们自身能力的有限上。

一个人最重要的能力，是认清自己的极限，这样才能控制好自己的人生步调。每个人面对逆境的应对方法都会有所不同，放下面子，才能直面内心；拒绝盲目坚持，承认客观条件的限制。找到能让自己在绝境中好好走下去的方式，这就是高逆商的体现。给现实中的自己和心里的自己一个平衡，能扛事，更得知道自己能扛得了什么事。

有人说，世上有很多优秀者，但很少有能扛得了事的人。但其实"能扛事"也不够，必须要有足够高的逆商。身边有位医学生朋友，她课程多到喘不过气来，却还要求自己搞科研、忙社团。到期末考试月，她每天只睡四五个小时，还要准备科研论文发表。如所有励志故事中的结局一样，她总能在每一件事上都拿到足够好的成绩。这样压力巨大且忙碌的阶段，她每个学期都要经历一到两次，却从没像别人一样在朋友圈卖过惨。后来，她终于如愿拿到了美国顶尖大学的 offer。

就在每个人都在感慨她的优秀和抗压能力强时，却传来她被确诊为严重抑郁、不得不搁置学业的消息。所有人都很震惊，谁都没想到这样乐观有拼劲的姑娘会患上这种心理疾病。被确诊的那晚，她发了一条朋友圈："越得过群山万壑，赢得了千军万马，独独忘记给自己留一方天地。生活中并不缺少能扛事的人，太多的人扛得了事，却无法与自己好好相处。而那些从不崩溃的人，内心都清楚地知道，自己怕什么。"

已有数百项研究表明，无论是孩童还是成人，只要认识到消极事件并非个人化的，也并非无处不在，更不会永久存续，患抑郁症的可能性就会降低，也会更快地走出逆境。真正的高逆商者，就是能分得清现实和虚幻的人。换句话说，就是能分得清哪些压力是真实存在的，哪些压力是自己幻想出来的，然后控制好自己幻想出来的压力，及时解决现实中不得不面对的压力。

某期《圆桌派》中讨论了关于逆商的话题，主持人说了这样一句话："其实归根结底两个东西最重要，能不能维持生活，顺不顺自己的心意。"主持人解释说，"我当然不会想去做我不愿意干的事情，你强迫我做我不愿意做的事情，我当然不做。但是呢，我还是先衡量，不做这个事情我的生活水平能不能保持。"

所谓"破帽遮颜过闹市，漏船载酒泛中流"，逆境就如同坐在破船里过河，为了安全渡河，你总得舍弃些什么。有压力，说到底，也是因为人害怕失败和失去。高逆商者，就是在逆境面前能把握好轻重、控制好取舍的人。

第二节

高逆商的人倾向于从自身找原因

人在年轻的时候，总是喜欢把很多不幸归结为命运。知乎上有个答主叫程浩，20 来岁的他满身顽疾，曾被医生诊断说活不过 5 岁，但他说过这样一句话："命运嘛，休论公道。命运对每一个人都谈不上公平，但每个人的命运都是不同的，各有各的精彩，如果能多从自身找原因，而不是一味抱怨的话，我们就会明白很多时候快乐是来自自己的。"

林肯说过："逃避责任，难辞其咎。"

走路时摔一跤，总会认为是石头绊了你一下，害你摔倒了，却忽视了自己的不小心；与别人发生争吵时，总会认为是对方脾气不好，却忽视了自己的错误；做错了一件事情而受罚时，总是把责任推到他人身上，责怪别人，却忽视了自己的责任。可能很多问题是你不能自主的，也有很多事在你不知道的情况下就发生了。但有一条，如果你陷入和外界的纠缠，你一定要先从自身找原因，看看是否需要调整自己的状态。

不从自身找原因，就永远找不到原因。生活在这个世界上，不应是世界适应你，而是你适应这个世界。低逆商的人总能找到各种各样的借口来解释自己生活的不如意，最后在一个个借口中慢慢丧失了改变自己的能力。

生活难免有不尽如人意的时候，每个人都会有很多后悔和遗憾。当我们非常失落又无处宣泄的时候，很多人便开始怨天尤人。怨老天爷不开眼，怨他人没有为自己做什么，却从不冷静下来反思一下自己，这是一种悲哀。

高尔基说过一句话："反省是一面莹澈的镜子，它可以照见心灵上的玷污。"人非圣贤，孰能无过。人无完人，每个人都有自己的优点和缺点，人不可能不犯错误，永远完美。做人应该懂得常思己过，严以律己，要在独处时谨言慎行，不断自省日臻完善，才不至于迷失方向。

在生活中，每一个人都不完美，理应用宽容的心态去对待他人的缺点，用发现美的眼睛去发现别人的长处。眼里容得下别人，才能让别人容得下你。

有这样一个故事，一个军官查岗时，看见一个士兵戴的帽子很大，大得都快看不见脸了。于是，军官便问："你的帽子怎么这么大呀？"士兵答："不是我的帽子太大了，而是我的头太小了。"

"头太小不就是帽子太大了吗？"军官很疑惑地问。

士兵义正词严地回答说："我的母亲教导我，应该首先从自己身上找问题，而不是从别的什么方面找问题。"

几十年后，这个士兵成了一位伟大的美国总统，他的名字叫艾森豪威尔。如果我们能像艾森豪威尔一样，凡事多从自己身上找原因，而不是把责任推到其他人或其他事物身上，我们的生活会多一些幸福与和谐。

《礼记》中有云："好恶无节于内，知诱于外，不能反躬，天理灭矣。"遇事先从自己身上找原因，不推卸、不逃避责任，少怨天尤人。一个人有 95% 以上的痛苦是自己造成的，痛苦无人替你承受，接下来的路还得自己走。做人应该发现自身不足，然后去改变。

可现实中，我们总是习惯性地掩饰自己的错误，不敢面对，甚至与人闹了矛盾，也只是一味地指责别人的不对，从不懂得反省自身。殊不知一个人只有不断自省，才能看清自己的不足，收获成功。高逆商的人从来不会把失败的责任推给别人，而是在出现错误之后自我反省，减少失败带来的影响，先干好当下的每一件事，然后总结经验，以便更好地面对生活中的下一个无常。

海涅曾说过："反省是一面镜子，它能将我们的错误清清楚楚地照出来，使我们有改正的机会。"

"镜子"让我们看到自己的不足，虚心检讨，主动改正，从而让自己越来越好。

齐白石是我国著名的书画大师，即使晚年时已经享誉盛名，他也没有被赞誉冲昏头脑，没有忘记自省。1952年的一天，诗人艾青带着一幅齐白石很久以前的画，拜访已经88岁高龄的齐白石，请他鉴别真伪。齐白石很认真仔细地拿出放大镜看了半天，确认是自己过去的作品。他回忆起自己当年画这幅画的情景，当即想用自己刚刚完成的两幅画和艾青交换。艾青赶紧把画收起来，抱在怀里说："您就是拿二十幅，我也不换。"

这件事情过去后，齐白石老人便开始进行自我反省。他不禁感叹道："现在人们对我的评价都很高，连我自己都有点扬扬自得了，那天看了艾青拿来的一幅十年之前我画的画，让我感触很深啊，今天和以前相比，退步实在是太大了。"

从那以后，他开始练习最基础的绘画技术，每天都坚持画画，从不懈怠。正是凭借着这样一种孜孜不倦、谦虚好学的态度，所以齐白石晚年的作品依旧得到了人们的尊重和喜爱。见贤思齐焉，见不贤而内自省也。自省是一种能力，更是一种境界，它能潜移默化地改变一个人。

很多时候，发现自己的缺点比发现自己的优点更重要。有道是"智者千虑，必有一失"，没有人是完美的。人生不如意，十之八九。不管是生活上，还是工作上，我们总会遇到各种各样不顺心的事情。这时候难免会有人抱怨世界不公，感叹自己是世界上最倒霉的人。

把所有的责任都推到命运和别人的身上，却从来不在自己的身上找原因、不能反省自己，就永远不会进步。不论成功还是失败，都需要经常反省自己，总结经验教训。一个人如果失去自省的能力，他就看不到自己的问题，更不能自救。自省能让我们更加清晰地认识自己。

我们生活在世间，就像开车在路上，路直就直着走，路弯就弯着走。发生交通事故，或者翻进沟里，就要思考是否是自己操作不当。如果抱怨道路太多曲折，是没有价值和任何意义的。外在的客观条件或许我们无法决定，但我们完全可以改变自己。从自身找原因，吸取经验教训，才能在未来的路上面对逆境时更加从容。尽管我们总说"不重结果重过程"，但就我个人感受而言，结果真的无比重要，尤其就学习而言，考试的成绩是对你前阶段学习过程的肯定或者否定。

我也曾经不服气、怨天尤人，但是后来我发现这样除了让我自己变得更沮丧，没有任何作用，于是我试着从自身找问题。既然我会考砸，那么就说明我在学习上存在问题，不然为什么是我而不是别人？既然他能考好，那就说明至少在某些方面他比我强，我需要向他学习。既然我付出多却回报少，那就证明我的效率不高。

总之，要相信发生在你身上的一切都是有原因的，"我是一切的根源"，这就是我们所说的"尽人事"。至于"听天命"，当你努力无悔地做好了一切准备，那么就欣然地接受上天给你的一切。

逆境，是一座警钟，它警告人们，之所以遭遇逆境，肯定是自己在某方面需要调整。或者是逆商低，不懂总结；或者是观念不对、态度不对、立场不对、方法不对、计划不对；或者是客观条件不成熟，没有天时、地利、人和；或者是主观认识与客观现实不一致，主观愿望违背了客观规律等……

逆境有人为原因，也有自然因素。所以面对逆境时，不能怨天尤人、消极等待，而是要积极反思，在一次次磨砺中提高逆商。

第三节

高逆商的人不会放大挫败感

从睁眼、起床、洗脸开始，我就会出现各种失误：出门忘记带钥匙，在图书馆里找不到自己想借的书，发邮件预约搞错对象，电话卡充值按错了一个数字……有一段时间，我都开始怀疑我家家徒四壁应该全都是因为我丢三落四。

我常常因为种种挫败而自卑，甚至开始逃避，再没有了曾经不顾一切的冲动，反而开始畏首畏尾。最可怕的是，在很久之后的某一天，我突然心安理得地接受了自己是个失败者这个事实。我觉得自己的内心是撕裂的，明明想上进，明明不甘心败给现实，却由于早就被逆境裹挟而由衷地感到无力。

仔细想想，我所有的挫败感都来自微不足道的小事。下雨时忘记带伞把书淋湿，坐车坐反了方向，电脑关掉之后才发现文件没有保存……这些细微之处失去控制让我陷入了无限的挫败感中。其实比起这些，更让我对自己失望的是我的气急败坏。

面对无法应对的问题时，我常常会开始自我怀疑，变得愤怒，流眼泪，甚至感到自卑。那种感觉就像我本以为我是金刚不坏之身，但后来却发现自己像气球一样一戳就破。过去从没有想过生活里的挫败原来有这么多，也没觉得自己是多么脆弱的人。但是面对这种情况，我只有接纳、反思，并没有任何捷径可走，过去没有学会的都需要补过来。

正如苏格拉底所说的那样，最智慧的人也许正是那些能承认自己一无所知的人。我们一生中既要有进步的空间，也要有退步的余地，还要接受那些崩坏的时刻。一本再好看的小说，也总会有让人觉得不够精彩的章节，人生也是一样。

我曾那么用力地追求过梦想，现在却因为一点点的挫败，困在了自己内心的自卑里，从一个自在从容的人变成了一个冲动易怒的刺猬。虽然没有人怪罪于我，但是我该如何去原谅自己呢？成长就是一遍遍地推翻自己的誓言，颠覆一个个曾经坚持的真理，带着迷茫，夹杂着惶恐不安。

我常常试着接受心里的挫败感，就像接受生命中的无常。

美丽的诱惑太多，信息流里的成功者太完美，但所有美好的背后都有着不为人知的艰辛和苦涩。那些挫败感让我不再靠感性做出判断，而是激发出了我理性的一面；暴躁的我冷静了下来，不再是一个容易被激怒的傻瓜。人生的不如意提醒我，生活并不容易，不要小瞧那些其貌不扬却能把小事处理好的人。

在这个世界上，大部分都是普通人，即使到老，也不可能学会所有的人生技能，更不可能保证永不出错。我渐渐地原谅了自己那些愚蠢的瞬间，不再恼火，有时候还会被自己的愚蠢逗笑。比如说，每次我在吃自己做得一言难尽的饭时，都会突然大笑起来，这些大笑是我对自己出丑的一次次原谅和对尴尬的化解。从我明白自己是普通人的那一刻起，一切挫败，都只是生活不可避免的涟漪。

在世俗意义上，每个人都要或多或少地向挫败妥协。问题只在于，你如何看待挫败：一个人，即使在现实中一败涂地，仍然保持对未来的憧憬，仍然有乐观坚持下去的勇气，这就是高逆商的人。也许你一度动摇过，怀疑过，妥协过，被人嘲笑过，但要始终相信，逆商高的人能更好地生活。

挫败只是对过去错误的警示，是痛楚更是成长。世界会在不同的人眼中，呈现出不同的面貌，而在一个逆商高的人眼中，每一天都值得庆贺。柔弱，有时候能被怜悯和疼惜。有人帮你是幸运，没人帮你很正常。

遇到挫败本不可怕，可怕的是放大自己的挫败感，并放弃了选择继续前行的勇气。我依然改变不了我不愿看见的某些东西，没有实现年少时支撑我的理想，也依然没有大富大贵，我只是与自己的挫败和解了。如果乐观主义者是被世人永远嘲笑的那一类人，那我愿意永远被嘲笑下去。我知道我还会继续犯错犯傻，但这个世界上如果没有错误的衬托，正确也就显得毫无意义。

人性天生渴望一路顺畅，结局美满。例如：童话故事里，正义战胜邪恶，勇士成为国王，王子迎娶公主……然后呢？世界的残酷物语会告诉我们一些童话里没有的真相，最后我们会知道童话可能都是骗人的，正义可能会变成邪恶，勇士会成为恶龙，王子和公主也会被巫婆陷害。人生不如意之事十有八九，想必这句话大家都听过。其实换一个角度来理解，这句话的意思还可以是，这些不如意的事带给人们的负面影响，只有10%是难以控制、难以避免的，剩下的都是自己招惹的。

巴尔扎克说过："苦难对于天才来说是垫脚石，对于能干的人来说是一笔财富，对于弱者则是一个万丈深渊。"

项羽乌江自刎的故事人人皆知，千百年来，他都作为一个失败者出现在文字记录里，究其原因，就是他遇到挫折后喜欢放大挫败感。如果他当时过了乌江，可能就会像一句诗里说的那样："江东弟子今犹在，卷土重来未可知。"要知道，他和刘邦的对决，一直是他占据上风，他只失败了一场，就放弃了东山再起的机会。

时间可以平复一时的冲动，却不会平复挫败感，这只能靠你自己和自己和解。人活一辈子，怎么可能永远顺风顺水？如果每个人都因为一次失败而寻死觅活，那世界该乱成什么样子？

遇见逆境，不必放大挫败感，在失败后控制住自己的泪滴，撸起袖子擦擦脸，站起来整理好发型，继续该干什么干什么，这样才是真的酷。在之后的路上，我们也必须努力消化这些负面情绪，让它们化为更积极的力量，同时也努力做出正确的选择和正确的行为。也许这对我们来说并不容易，但就像命运一样，人总会慢慢接受那些无力的时刻。当你不断地被挫败感侵袭的时候，有这几个策略让你减少挫败感：

1. 寻找替代目标

如果你的一个梦想夭折在半路上，那么就去寻找另外一个梦想，并尽全力地将它变为现实。因为当有一个梦想我们不能实现的时候，如果我们永远卡在这个目标里面的话，我们的挫败感会越来越大。这个时候就需要换另一个目标去调整自我。我们人生的终极目标也要换成无数个小目标，如果某个目标没有实现的话那我们可以选择另一条路。

2. 摆脱所有的罪恶感

当一个人想实现目标的时候，假若失败了，那么罪恶感便会伴随而来。这种罪恶感深深地埋藏在心里，让我们失去了笑容，让我们失去了平静，让我们失去了安全感。所以当我们的目标没有实现的时候，切忌让罪恶感主导我们，以至于到最后失去了继续奋斗的信心。没有实现目标又怎么样？就必须有罪恶感吗？用这些问题来询问自己，然后让自己的心情变好一点，笑容变多一些。

3. 不要对他人或者对环境有过高的期待

为什么别人对自己的杀伤力那么大？因为世界上没有真正地感同身受，所有的对错标准都是你此时此地给自己建立的，不能够去约束别人。所以说，只要我们对他人和外界环境不存在过多的期待，最终我们就不会因为非主观因素的干扰而沮丧。焦点放在靠自己就能够获得的东西上，那我们的幸福感就会多很多。对自己仁慈一些，不要惩罚自己。

4. 感知幸福

成功很重要，但幸福更重要，我们一定不要失去对幸福的感知能力。如果你失去了对幸福的感知能力的话，即便你再成功，你的人生也是毫无精彩、毫无意义可言的。幸福是我们奋斗的目标，如果到最后失去了幸福感，那么之前所有的付出都相当于打水漂。

没有人不会遭遇挫败，关键是你在遭遇挫败之后怎么看待这个世界。如果你被失败打得体无完肤，那怎么会有翻身的机会？只有放弃自我才是真正的失败。这是一场人生的考验：挫败的灵魂如何才能回到充满阳光的伊甸园？奋斗的时候需要忍受多少辛苦？我们会不会随时跌落黑暗的深渊？在挫折打败你的时候，你唯一的出路就是继续向前走。

不要怕黑、怕冷、怕电闪雷鸣，不要忘记最初的那一点不顾一切的冲动。

第四节

高逆商的人在逆境中
拥有更强的忍耐力

一个年纪轻轻就全身瘫痪、不能言语、只有三根手指可以活动的成年人，应该怎样面对今后的人生？霍金教授用充满成就、豁达通透的一生，给世人留下了一份最完美的答卷。纵观古今中外的成功人士，每一人的背后，都有着或大或小的"创伤性成长"经历。

记得我高三的时候是班长，我们的高中当时是县上的重点学校，课业比较繁重，压力比较大。有一次开班会，主题是学习，现在我都记得一个同学说的一句话："我非常讨厌学习，高三太辛苦了。"我们别无选择，此时的忍耐和艰辛，只为一个美好的明天。后来到了大学，我也不敢放松。我疯狂地汲取知识，考取证书。这些证书在我的人生旅途中也派上了很多用场。我身边的人也在努力着，考到教师资格证的同学找到了月薪八千元的工作，考取了单片机工程师证书的同学在深圳找到了年薪二十多万元的工作。

记得龙应台对她的孩子说过："我敢保证这些文件基本就是废纸，但是孩子，岁月太长，我希望你起码有这些东西，在任何情况下都能少一分畏惧。"有时候，在不喜欢的环境中忍耐，只是为了自己能在以后的岁月里活得更加从容。

春秋末年，吴王派兵攻打越国，但被越国打败，吴王也受伤身亡。吴王的儿子夫差欲为父报仇，勤奋练兵，两年后率领军队击败越国，越王勾践被押送到吴国做奴隶。勾践忍辱负重伺候了吴王三年后，夫差才消除对他的戒心将他送回了越国。其实，勾践并没有放弃复仇之心，他表面上对吴王服从，但暗中训练精兵，励精图治并等待时机反击吴国。

艰苦的环境中更需要坚强的意志，所以他晚上睡觉不用被褥，只在地上铺些柴草，又在屋里挂一只苦胆，他不时会尝尝苦胆的味道，就是为了不忘过去的耻辱。勾践为鼓励民众，和王后与人民一起参与劳动，在越国百姓同心协力之下，越国强大起来。勾践最终找准时机，灭掉了吴国，一雪前耻。

爱迪生找到钨丝前，测了 6000 多种材料，也就是说失败了
6000 多次，其间有人嘲笑他说："爱迪生先生，你已经失败了
1500 多次了。"爱迪生说："不，我没有失败，我的成就是发现
了 1000 多种不适合做灯丝的材料。"而后，他继续试验，面对
一次次的失败丝毫没有退却，他坚信失败乃成功之母。

一次偶然的机会，爱迪生发现把炭化棉线装进灯泡里，接
通电源后灯泡能发出金黄色的光辉，把整个实验室照得通亮。
经过 13 个月的奋斗，试验了 7000 多次，这次终于有了突破性
的进展。这盏灯足足亮了 45 个小时，灯丝才被烧断，爱迪生发
明了人类史上第一盏有实用价值的电灯。

但爱迪生没有满足，他要让灯泡的寿命延长，后来他找到
了炭化后的竹丝来制作灯丝，灯泡可亮 1200 小时，于是电灯开
始批量生产，最终给世界带来了光明。

历史上很多大成就的人，都经历过漫长的失落期，他们蛰
伏着，充满希望地努力着、等待着，最终得偿所愿。

官渡之战是历史上著名的以弱胜强的战役之一，这次战役
也是高逆商的代表曹操和低逆商的代表袁绍之间的较量。曹操
在遭遇了粮草匮乏、战斗力损耗巨大的困境后，采纳了两位军
师的建议，从对手强大、自己弱小的表面现象中，分析出了自

己的优势。这些智慧的分析，使得他坚持了下去，最终赢得了胜利，并奠定了统一中国北方的基础。而坐拥"四世三公"显赫家世的袁绍，却在后续的行动中，不断受到前面挫折和失败的影响，看问题格外悲观，渐渐丧失了斗志和耐力，最终一败涂地。

袁绍的自我认同处于濒临瓦解的状态，同曹操这样一等一的枭雄对抗，所必须承受的压力又是何其巨大！他的内在已经被焦虑和悲观填满，再也接受不了其他的信息。此时，他最大的心理需求就是寻求安抚。但是，即使军中谋士如云，他也只是选择接受谄媚，拒绝忠言。而曹操的内在有着强大的自我认同，即便处于劣势的高压之下，他的心志也是坚韧的，有耐力应对战争的残酷和无常。

古训有云："艰难困苦，玉汝于成。"日本人也常常劝诫年轻人："年少时多吃点苦才好。"好逸恶劳乃人之常情，但是若将眼光放远，就会发现，年轻时期遭受过苦难的人，相较成长生活环境优越的人，日后的成就往往更加辉煌。

许多父母尽量不让自己的孩子受苦，总希望自己的孩子能轻松过活。然而，不正是这样的教育思维，致使越来越多的孩子经受不住打击吗？在更早的时代，很多孩子为了帮助父母维持生计，从小就得拼命努力工作。我身边也有不少亲朋好友，从小就开始帮助父母分担家庭责任。

我发现在这种贫穷家庭长大的孩子，逆商更高，性情更加坚韧。挫折和艰苦是磨炼人格品性不可缺少的条件。西乡隆盛被流放到冲永良部岛时，才有机会读到王阳明的学说，并开始磨炼自己的心性。安冈正笃先生曾说过，必须依"知识、见识、胆识"三个阶段来提升人性，否则任何努力都将付诸东流。他的意思是：知识只要翻开百科全书或字典就可以学到，既没有必要强记，也无须填鸭式地过度汲取，否则也只是流于常识丰富而已。比吸收知识更重要的是将知识组合成有条理、有逻辑的信念，变成比知识更有用的见识。不过，即使拥有了见识，如果不去实践这些理念，对提升自身的品性还是助益不大，因此有必要将见识提升为胆识，也就是转化为执行力。这里提到的胆识，是指同时具有见识和勇气，这都是经历过的苦难才能培养出来的人性品质。

有位哲人说过："人们最出色的成就往往是在逆境中取得的。"逆境是机遇，是磨刀石，是精彩人生的历练。在顺境时，就要抓住机会，发挥你的聪明才智努力学习。在逆境时，不要怨天尤人，要咬紧牙关，经得起挫折，不悲观才是硬道理。正所谓三十年河东，三十年河西，只要不放弃、不悲观，明天就是艳阳天。

温室里的花朵经受不了风雨的摧残，关在笼子里的小鸟会失去野外生存的本领，溺爱中的孩子成不了大器。如果人们一直在顺境中生活，习惯了养尊处优，只知道饱食终日，就会像那只温水里的青蛙一样，死都不知道怎么死的，那岂不是很可悲？

所以，经历逆境和挫折是人生常事，不要悲观失望，不要怨天怨地怨自己。"玉不琢，不成器；人不学，不知义。"人生需要逆境来磨炼、来敲打，最终才能浴火重生。

当年，司马迁惨遭宫刑，忍受着莫大的耻辱，写出史家绝唱《史记》；曹雪芹在家族败落之后没有消沉，在吃了上顿没下顿的情况下写出巨著《红楼梦》……每一种挫折或变故，都是带着机遇的种子。面对逆境，你要学会忍耐，持之以恒。只有这样，逆境才会成为你成功路上的助推器，助你在逆境中成长、蜕变，最终迈向成功。

宝剑锋从磨砺出，梅花香自苦寒来。梅花之所以受人们爱戴，是因为它迎寒独自开的坚韧品质。宝剑之所以宝贵，是因为淬火后历经万千次的捶打方成大器。探险者之所以备受人们崇拜，是因为从他们身上可以看到勇于探索的精神。古往今来，凡成大事者无不经风沐雨、遭遇坎坷，如此才能得到历练，得以更好地成长。

要想在逆境中拔地而起、出人头地，那么就要有足够的耐心，在挫折中找到目标，探索前进的方向和动力。人最怕没有目标，像无头的苍蝇一样四处乱撞。确立目标之后，奋力前行，哪怕千重困难堆在面前，也不要放弃希望。尽管水很深，山很高，路太曲折，但只要你够坚韧够勇敢，终有一天，你会涉过大海，爬过高山，走出一条平坦大道。

也许你现在依然身处黑暗之中，看不见光，但其实你就是自己的光。

第五节

实践法则：
如何突破瓶颈期？

大学有段时间，我的心情特别不好，报名参加的考试没有通过又得等一个季度，写完的东西一删改就变得所剩无几，我一度觉得自己很没有价值。当时，舍友们经常晚上撸完串后再去网吧玩一个通宵，我也就经常跟着去，然后一觉睡到黄昏的时候才起床。西安的春天会经常在黄昏时下点小雨，我自从弄丢了若干把伞之后就再也没有买过伞，而且看过《天才在左，疯子在右》之后，我深受故事里能看见雨的颜色的女孩的启发，觉得自己不应该拒绝蓝色的雨，于是下雨天从来没打过伞。

这样过了一段时间，身边的人渐渐地开始把一大堆当代社会的贬义标签贴在我身上，像什么网瘾少年、精神颓废、意志消沉等。我当时挺纳闷的，不就上了会儿网，淋了会儿雨吗？那时的我不知道，我所做的一切都是在逃避问题，不敢直视真实。就像现在的很多年轻人一样，我把逃避当作了救命的稻草，这着实是一种低逆商的表现。

终于有一天，我的好朋友小智看不下去了，拿过我手里的啤酒，把罐子捏碎了扔在地上，食指指着刚准备点着一根烟的我："你是不是个男人？遇见瓶颈了就停下来重新整理整理，把自己搞垮是给谁看呢？有些坎只能一个人迈过去。"

主持人马丁说过："每一个强大的人，都曾咬着牙度过一段没人帮忙、没人支持、没人嘘寒问暖的日子，过去了，这就是你的成人礼；求饶了，这就是你的无底洞。自己的瓶颈只能自己一个人突破，别人帮不了你，电视剧和玄幻小说都是骗人的，根本不会有高人出现传授你功力让你打破桎梏，一飞冲天。"

重新想想也是，那会儿大三即将结束了，身边的同学都在匆匆向前走，考研的、考公务员的、就业的、报班学习的……他们早出晚归，好像都知道自己想要什么。他们眉头紧皱，又好像不确定这是不是自己想要的。仿佛人到了瓶颈期，就会产生必要的迷茫。而陷入瓶颈的年轻人，大多都会像一个无头苍蝇一样四处乱撞。

在大学生活即将结束之际，大家似乎总会迷茫于选择：考研、就业、创业，或是出国深造……我学习成绩一般，也没有什么大公司的实习经验，也从来没想过自己以后要干什么，也不知道路在何方。但说实话，我身边目标明确的人很少，随波逐流的人很多。没有人活得像自己，好像都戴着面具。二十几岁的年纪，手插口袋，鼻孔朝天，我不知道我们这些热血少年以后会不会向现实低头。

随波逐流惯了，好像渐渐都麻木了，不安分的我想找到人生的种种可能。我想不通的时候很喜欢和不同的人聊天，也都会有意无意地谈谈未来，每个人都不是那么的完美，别人的答案里或许就有我自己的药。

我和我们学院里很有趣的一个老师交流，这个老师是一个看起来不谙世事、从容自在的人，他说他就想安安心心地在岗位上工作，等他老了，如果孩子买不起房，就把自己的房留给孩子，自己带着老婆回老家。他说着说着就笑了，笑起来好干净好天真，当时的我恍惚间觉得他好像只有 20 岁。我和一个门口摆摊子的"鸭脖哥"聊天时，他说自己有三个孩子。我说："你三个孩子，压力这么大，不应该为孩子的学费发愁吗，怎么还天天这么开心？"他说："开心也是一天，不开心也是一天，为什么不开心点？"后来，我和一个学长聊天时，他告诉我一定要多看看、多走走，以后工作了就没机会了。

　　每个阶段都有每个阶段的瓶颈，和这些人多聊一点，我的未来就更清晰一点。迷茫就迷茫吧，瓶颈就瓶颈吧，朋友，先开心一点。我突然发现，这个世界好像没有一生舒坦那一说。每个人都会遇到属于自己的瓶颈期，有的人瓶颈期很长，有的人好像很容易就过了瓶颈期。仔细观察后我得出结论，瓶颈期的长短取决于经历瓶颈期的人逆商的高低。

　　就像我写了三四年的文章，突然就不知道该写什么了，然后开始随波逐流，通宵上网，彻夜喝酒，使自己的体重增加了十五斤。我认真思考后发现，有段时间写作写得很尽兴，因为我写的都是现实故事和我的真实体会，比如朋友的经历，自己的触动等，素材应有尽有，灵感不断闪现，写这样的东西我也很开心。然后，我就遇到了毕业季的迷茫的自己，我没有心思关注身边有趣的故事了。不过最终我的解决方案就是：跳出现有的圈子，去另外一个环境感受一下。

　　让自己放空，使自己保持空杯心态，给自己创造一个接收新事物的仪式感。做点什么总比什么都不做要强。比如说，我会在固定时间一个人去操场走一走，在自己脑子里放三个词语：

未来、钱、时间。然后，结合自己的现实和正在做的事情去思考。未来三年，我要做什么？我喜欢写东西，我会不会在三年内成为专家，五年内成为大神？在这三年写作的过程中，我要靠什么活下去？活下去就需要钱，而且我未来还想开一个书店。我需要多少钱，我要怎么弄来这些钱？我还要买房买车……我的时间如何规划？工作时间、学习时间、投入自己喜欢的事情的时间和思考的时间应如何安排？就这样，把时间、未来和金钱联合起来，我的目标会更清晰一点。

阳光存在的地方，必然有阴影。瓶颈期的迷茫就是你的阴影，而你要做的，就是向着阳光，把影子留在身后。当我想清楚每个人都会遇到这些迷茫的时候，我还是不知道自己要干什么，但我更清晰地知道自己不会干什么。什么都想要的人，是什么都得不到的。你规划好了自己想要什么，就给自己一段时间，向这个目标去努力。你想要做什么事，必须敢于放弃，舍掉所有不必要的东西。

那么，在面对瓶颈期时，你知道该怎么做了吗？

我会去做很多的事情。例如：我运营着三个公众号，我在推动一些公益项目，我会策划一些活动，大家一起进行头脑风暴……我还做了很多与写东西无关的事，这些事情会给我带来很多希望，然后我会觉得更有安全感，迷茫感和危机感也会随之冲淡。

我现在发现，人和人的迷茫都是不同的，关键是看面对迷茫时怎么选择。其实没有什么事情是浪费时间的，也没有什么事情是没有价值的，只要你认真做了，或多或少都会有一些收获，而这些收获可能在很多年以后，让你受益良多。你做过的事情，将是你未来能力的证明。所以不管多迷茫，每天都应该先干好自己分内的事。

我知道，有时你会不知道怎么突破自己，冥冥中会感觉有一种看不见未来的无力感。但请你一定不要停下来，因为你的人生肯定不可能止于此，再坚持一下一定会慢慢好起来的。你应该把精力花在一些提升自我的事情上，再也不要每天矫情地想一些乱七八糟的东西。人生留给你的时间真的已经不多了，别遇到点鸡毛蒜皮的事情就玻璃心，你要明白你现在的努力还远远达不到要和别人拼天赋的地步。你要培养和提高自己的逆商，你要相信自己有坚持下来的能力，只要坚持下来就已经很了不起了。

向前走是为了遇见更好的自己，为了以后能更体面地生活。不要为了跌倒感到难堪，只要你尽快爬起来依然可以朝着梦想前进。因为对现状还有不甘心，因为对明天还有很多期待，因为对当初那个小小的梦想的执着，我们付出了人生最好的年华，去靠近一个说出来都可能被人嘲笑不知天高地厚的未来。

你的梦想还在吗，你的初心还火热吗？

第六节

实践法则：
如何告别焦虑？

凌晨 5 点，风有些干冷，不停地拍打着窗户。

我按掉已经响了三遍的闹铃，揉了揉惺忪的双眼起床。

科比说，他经常看到凌晨 4 点的洛杉矶，所以他成功了。

我也想成功，我尝试写作，但是写作需要时间的持续付出，一个字一个字地码。写好一篇，想要再写另一篇，又要重新选题，找素材，动笔。

我常鼓励自己，再努力一点就好了，再努力一点就更好了。可人在一天二十四小时里的精力有限，我们内心有对未来更高目标的追求，但是却面对着无数的阻碍。对于未知结果的恐惧，让我们常常处于焦虑之中。偶尔，我甚至不想再去对未来抱有期待。我被还没到来的恐惧吓倒了，失去了对生活的勇气。后来回想起来，可能那会儿怕被同龄人抛弃，所以逆商在焦虑中下降到了负数。

在那时，类似《你的同龄人，正在抛弃你》这种贩卖焦虑的文章火了。虽然你知道天外有天、人外有人的道理，但是你就是在一次次的信息轰炸中开始自我怀疑。但你有没有想过，如果人生真的像那些文章写的那样，我们的存在是为了什么呢？你不如富二代有钱，不如官二代人生顺畅，不如星二代有名，那你还要不要活？比较可以让我们看到自己的不足，但倘若变成无止境的攀比，注定会陷入不可自拔的焦虑中。

你在周围随便揪住一个人问：成功是什么？多半人会回答：有钱有权有名气。我的第一反应是，实现一个就挺难的，三个放一起还是放弃吧。总之，想要世俗意义上的成功真的是太难了，人生这场长跑，如果一味追求世俗意义上的成功一定会身心俱疲。难道没钱没权没名气就不成功了？我的家在小县城的一个无名小镇，家庭和睦，父母很支持我做自己喜欢的事，我觉得很幸福，我就是喜欢这样波澜不惊的生活。这不算成功吗？

很多平凡的人在认真努力地生活，平凡地幸福着。很多有钱人顶着滔天压力，面对着残酷的商业竞争。成功绝不是你银行卡数字的"1"后面有十几个"0"，接受自己的平凡后继续努力，并在这个过程中不断找到自己，成为自己想要的样子又何尝不是一种成功。所以，安于现状或不甘平凡都是个人的选择，他人不可干涉。

就像有人说的："生活并非攀爬高山，也不是深潜海沟，只是一张标配的床睡出你的身形。"年轻人思维不成熟，内心不淡定，看完别人的成功极其容易焦躁不安，自我否定。

焦虑仅仅是个人的负面情绪那么简单吗？不，这是当代的心理状态，要不然怎么会给媒体带去那么多流量？现代社会每个人都深信人生而平等，每个人都深信自己只要足够聪明，就有可能实现自己的任何理想。所有人都像被打了鸡血一样，永远不满足，永远不安于现状，永远都有尚未企及的梦想，永远都有一颗躁动的心。

我是内心极其不坚定的人。00后写公众号月入十万元。我也在写公众号，为什么月入十元？学长开公司融资百万元，学弟整合校外资源月流水三十几万元……而一些自媒体抓住了我这类人的焦虑与迷茫，《摩拜创始人套现十五亿背后，你的同龄人，正在抛弃你》《00后月入十万，时代抛弃你不会说再见》等文章裹挟着被夸大的时代情绪汹涌而来。

于是，在一次次的自我否定中，我变得越来越胆怯，越来越迷茫，逐渐丧失了挑战困难的勇气，任由自己颓废下去，颓废的日子让我焦虑加惊慌。人在社会上总以为自己是社会的主角，可有一天你会怀疑：上天是不是选错人了？

他人的影响，失败的苦楚，极其容易让一个不坚定的人忘记曾经改变世界的勇气，成为这个世界的大多数，然后再接受自己成为这个世界的大多数的现实，和庸庸碌碌的人生无缝衔接。一个不主动提升自己逆商的人，生命的流程大概就是这样了。

朴树有一首歌叫作《平凡之路》，里面有句歌词是这样的："我曾经跨过山和大海，也穿过人山人海，我曾经拥有着一切，转眼就飘散如烟，我曾经失落失望失掉所有方向，直到看见平凡才是唯一的答案。"

也许现实就是这样，经历了，尽力了，人累了，心碎了，天也黑了。一个人裹着被子焦虑吧，难受吧，我们辛辛苦苦一路走来付出了那么多，竟然只是为了成为一个普通人。所有人都忘了，平庸恰恰就是我们掉下眼泪、放弃追求卓越的那个瞬间，因为这一刻我们忘了开始时的那一股冲动。

马东说："如果焦虑是人生底色，那在不同的时期有不同的焦虑，不是一件很好的事吗？起码比一辈子只焦虑一件事要好。"其实，大多数人都是底色平凡的人，我一直运气不太好，抽奖从来都是抽到"谢谢惠顾"，也从来不相信奇迹会发生在自己身上。

出身不高，格局比较小，不知道自己想要什么，总是焦虑，不能像别人那样志存高远，所以只能随波逐流做好自己的事。但我知道成功不仅仅是有巨大的财富，钱是个好东西，但不是最终的追求。不是说我不喜欢钱，而是我一直觉得钱只是个附加值。我一直健身，保持良好的作息时间，身体为"1"，金钱、爱情什么的都只是后面的"0"。人没了，银行卡里有多少个"0"又有什么用？

总有一些自卑的懦夫在高喊："为什么我这么努力还是如此平庸？"我相信那些光鲜亮丽的背后都有一些鲜为人知的努力，可能是我的百倍十倍。成功者的努力，旁人未必看得到。人只有认识到自己和他人的差距，找到努力的方向，才不会轻易焦虑。

送你一段我珍藏许久的话："纽约时间比加州时间早三个小时，但加州时间并没有变慢。有人 22 岁就毕业了，但等了五年才找到稳定的工作。有人 25 岁就当上 CEO，却在 50 岁去世。也有人直到 50 岁才当上 CEO，然后活到 90 岁。有人单身，同时也有人已婚。奥巴马 55 岁就退休，特朗普 70 岁才开始当总统。"

世上的每个人本来都有自己的发展时区。有人看似走在你前面，也有人看似走在你后面。但其实每个人在各自的时区里都有自己的步程。不用嫉妒或嘲笑他们，他们都在自己的时区里，你也是。生命就是等待正确的行动时机。所以，放轻松，你没有落后，你没有领先，在你自己的时区里，一切都要按照自己的步调来安排。

有的人是因为找不到目标而焦虑，有的人找到了目标却因为害怕困难太多、担心自己不能成功而焦虑。在焦虑的过程中，人总能找到各种理由惩罚自己。但你要相信，所有的苦难，所有的挑战，都是生活在教你如何提升逆商，以便让你在接下来的人生里更好地生存。

在年轻的时候，不用去幻想功成名就时可以拥有的一切，更不要把自己陷在焦虑的沼泽里。不如趁着年轻，多去尝试，多看看这个美好的人间。真没什么可焦虑的。

第五章

我的逆商训练课：
18—25 岁，我的打卡式人生

第一节

大学录取通知书：
18岁，接纳自己的孤独，
你才能遇见真正的自己

　　一个高逆商的人，是会享受自己的孤独的，并且能在孤独中磨炼自己，让孤独成为人生路上的垫脚石。

　　孤独：孤是王者，独是独一无二。独一无二的王者何须他人认同，更加不需要任何人的怜悯，王者可以在很广阔的世界里独行。

　　毕业时，我在空无一人的宿舍里环视一周，走到窗前，看着窗外这个城市的灯光点点，想起了曾经的那个少年。那一年，我18岁，刚拿到大学录取通知书来到大学，看着夜晚闪烁的霓虹和路上那些不属于我的欢笑，第一次感觉到孤独。

　　同学问我：放学要不要一起走？要不要一起去喝东西？要

不要一起写作业？那时的我特别想成为别人的好朋友，离开了偏僻的家乡，不安全感被完全暴露出来。也许是因为太孤独，觉得世界一片荒芜；也许是因为太寂寞，除了发呆简直无事可做。我害怕一个人待着，总觉得一个人的时候就是自己被世界抛弃的时候。于是，我欣然答应了同学的邀约，和他们一起吃饭，一起打游戏，一起上课下课，一起逛街看电影。那样的日子过了很久，我好像完全失去了自己的生活，每天只围着朋友打转。

天上的星星看起来都挤在一起，其实每一颗都隔着十万八千里。我以为可以分享我喜怒哀乐的那些人，并不能和我感同身受。

和女朋友分手后不知所措的夜晚，我到处找朋友哭诉，我们喝酒，我们聊天，最后我最好的朋友告诉我："你知道吗？人都是自私的。有人在乎你的感受，也有人知道你的伤心，但在这个世界上，你的心情没有人会理解，包括我，包括你的父母。你收到这么多安慰了，真的够了。"

从那刻起，我明白了我经历的 99% 的事都和别人没有关系，只是我自己赋予它们意义。我开始做自己，开始不害怕一个人去超市，一个人吃饭。在一个人的宿舍里安安静静地与文字对话时，我心想一个人也没有什么不好。每个人的自我都会觉醒，不过是有早有晚。

其实，孤独只是一种状态，真正的孤独是高贵的。孤独让你思想自由，让你面对真正的自己，让你重新认识这个世界。如果不是孤独，你可能永远不会审视自己，也就会永远沉浸于大众的幸福中；如果不是孤独，你就不会知道遇见知己和爱人的美好，就像没有饿过，永远不知道食物的美味；如果不是孤独，你心中也许不会孕育出蓬勃跳动的梦想，不会轻易感到满足；如果不是孤独，你就不会对人产生期待，那样就会一直绝望。在孤独中学会坚强是生活给我的最好的逆商训练课。

海明威说过："每个人都是一座孤岛，离得再近，也无法连成陆地。"换句话说，人生本来是就孤独的，人与人的孤独也都大抵相似。我们必须独自成长，长成我们想要的样子，这样才有能力面对世界的真真假假。

韩寒说过："当你明白的越多，你就越会觉得自己是这美丽世界的孤儿。"

如果你想追求大众意义上的幸福，并不需要考虑太多真相。当一个人对世界的认知越深刻、越有能力深入思考赤裸裸的现实时，他会越发感到孤独，而这种认知恰恰会导致幸福泡沫的破灭。

之前的我终日混沌，觉得和朋友在一起把时间填满就很开心，可别人做的一切都是为了自己。而我和别人在一起，都是为了不让别人失望，都是为了努力成为别人的好朋友。村上春树也说过："哪有人喜欢孤独，不过不喜欢失望罢了。"我发现我开始真正了解孤单与孤独的区别：孤单是你在乎这个世界，而这个世界不在乎你；而孤独是你不在乎这个世界，这个世界也不在乎你，你只看到了真正的自己。

耐得住的是孤独，耐不住的是寂寞。一般人是没资格孤独的，因为孤独的标准太高。通常遇到人际交往问题或情感挫折就喊孤独的，那是心理脆弱，与孤独无关。低逆商的孤独叫高傲，只是为了和人划清界限，而真正骄傲的人从来不怕孤独。我写孤独并不是为了拯救孤独者，孤独的灵魂为什么需要拯救，只有不孤独的灵魂才需要拯救。别害怕孤独，你会看见真正的自己，你会找到自己的方向，勇敢地走下去，一个人。

第二节

在操场走过 21 个夜晚，终于放弃了考研

你觉得跟从大多数人的脚步是没有方向的人死命抓住的最后一根稻草吗？

当小狼一本正经地说他要考研的时候，我很认真地问了他这个问题。小狼是我大学里很要好的舍友，平时他不上课我替他答"到"，我不上课他替我答"到"。我们在大学里属于差生的那个群体。我怎么也想不到他有一天会考研。我问他为什么突然决定考研了。他回答他们班好多人都考，他不知道毕业了该干什么，所以想考研让自己有更多的机会。

逆商低的人，每次在面临重大人生决策的时候，总会犹豫不决、没有主见。所以当时我反复问自己：我呢？我要考吗？

不考研我能干什么？

在操场走了 21 个夜晚，我想清楚了，也给了自己一个答案。我重新思考了一下学习和生活的意义。我至今还记得很唠叨的高中班主任告诉我的一句话——知识是无辜的。知识不会替我做出选择，而会让我以更加独立的姿态去面对自己的人生。

我也曾问过舍友一个问题："我们上大学是为了什么？"我本以为大家会各抒己见，可是我问完之后宿舍里出奇地沉默，没有一个人回应。我和舍友都是农村家庭出身，父母把我们送来大学唯一的心愿就是希望我们能有一个好前途。他们吃了一辈子苦，不希望我们和他们一样，他们希望我们的未来能轻松点。我记得小时候妈妈经常对我说的一句话就是："你要好好念书啊，只有念书才能走出去，才能不像爸爸打工那样累。"

父母不希望我大富大贵回报他们，也不想在我身上实现自己的宏图壮志，他们只希望我的未来一片平坦。我记得考大学选专业的时候，妈妈询问了周围所有人，甚至联系上了她的小学校长，急切地问哪个专业好就业一点。那时的我对大学生涯一无所知，根本不知道该学什么，最后填报了别人建议的专业。

好久之后，我发现我不喜欢这个专业，但明白过来时却为时已晚。每个在操场跑步的夜晚，我都在问自己如果不考研的话该去向何方。我看着身边跑步的人，有的被我超过，有的超越了我，可为什么每个人的脚步都比我笃定？他们就那么清楚他们想去向何方吗？

当时的我对自己的人生没有掌控感，所以不敢轻而易举地随波逐流。仓促地下决定也许会抱憾终生，我负担不起这个决定对我人生的影响。面对不如意的处境，我好像从来没有试图做出改变。我深知自己不喜欢这个专业，浑浑噩噩了两年，错失了学习知识的大把时光。村上春树说过："不喜欢一件事，是怎么也不能长久的。"如果我放下一切、努力一搏的话还是有机会考上研究生的，但那不是我想要的，我不想随波逐流了。

所以，我决定不考研了。

小狼说他要考研了，问我怎么看，我尴尬地笑了一下。我尚且不知道如何突破自己的迷茫，哪有能力去拯救别人的命运。我不记得有多少次告诉自己，该努力了，再不努力青春就结束了。很多次我都给自己制订好了计划，本来立下决心背着书包来到了图书馆，打算好好读书，却发现自己控制不住地想刷手机，一上午过去了，书没看几页。本来定的早上 6 点钟起床学英语，一觉醒来已经八九点了；我觉得计划没有实现，心里焦躁，索性盖着被子继续睡过去。每天花大把时间在宿舍打游戏，别人问我在大学做了些什么时，我支支吾吾说不出口……

我没有方向，我害怕未来，我不知道该去何方，我怕我坚守的是错误的东西，我怕我掌控不了自己的人生，我怕我大学前半段所有的追求一无是处。我只能不断尝试，不断让自己拔节成长，一路跌跌撞撞地寻找方向。我只是普通人，没有先天优越的条件，没有养尊处优的环境。但请原谅我偶尔迷茫，因为我做出选择之后的每一天，都意味着我要靠自己的努力，逐日挨过。

我们都在成长中或多或少地经历过一些黑暗的日子，我常常问别人：我该怎么办？我怎么做才正确？别人的回答要么毫不走心，要么毫不关心。后来，我才知道其实在这个年纪每个人都自身难保。在这种孤立无援的情况下，与其期待着被人拯救，不如想清楚自己的方向。

在那 21 个夜晚，我对自己做了总结，不断地与自己问答。我回想自己走过的路、遇到的人和看过的风景，一幅幅场景在我脑海中闪过，我不知道这些组成了我的人生碎片会带我去向何方。期间，我遇见了一些人并与之交谈，我问他们的人生方向和未来规划，有的清晰，有的迷茫，有的说走一步看一步。原来每个年纪都有每个年纪的烦恼，每个阶段都有每个阶段的迷茫，而我也很庆幸有一段和自己对话的时光。

善于总结的人，未来应该不会太差。如果现在的我重新踏入大学校门，每一节课我都会好好听吧，每一分一秒我都会尽力记住老师说的每句话和周围那些面孔吧。回忆是巨大的旋涡，让人无可奈何又身不由己。但好在一切都还来得及，兜兜转转一圈之后，我又找到了那个久违的自己，在操场走了 21 个夜晚我终于决定了要去的方向。现在，我不会再问别人我该怎么办，也不会和任何人谈及梦想，我只需要用行动默默地将梦想变成现实。

第 21 个夜晚，我回到宿舍，看看表，已经 9 点半了。我拨通了爸爸的电话，熟悉的声音传了过来。"爸，我不想考研了，但我知道自己要做什么了。"爸爸是个寡言的人，但那晚出奇地和我聊了好久，最后爸爸说："你已经长大了，自己决定吧，我尊重你的选择。"

人生走着走着就开阔了，我可能是太着急了，父母劳累了一辈子，着急反哺的我在选择时迷失了方向。如果你和我一样，不妨慢慢来，勇于承担自己的选择，在不断的反问自我中逆商也会不断提高。让那些树再长长，让那些花再开开。也希望你早日找到自己想要的，然后一步一个脚印地去得到。

第三节

别等别人给你可怜的安全感了，想要，自己找

每个时代都有每个时代的不足，但这个时代也不算坏，它给了我们许多比以往更好的东西，而正因为得到了更好的，我们要付出更大更重的代价。

这确实是最好的时代，也是最没安全感的时代。知乎上有这样一个问题：为什么现在很多人浮躁、自私，没有安全感了？

大多数回答的矛头指向了时代节奏的加快，从前车马慢，现在的网络很快。在我看来，是这个信息化的社会使一切透明化了，人更加清晰地看到了自己，即使拼劲全力也只能抬头仰视别人，然后过着平凡的一生。这样的想法只会令人徒

生自卑，人一旦自卑惯了，逆商就会变低，内心就会越来越抵御不了逆境。人们总想攥紧手中的东西，缺乏安全感，不相信任何人，对外一副乐观开朗的样子，内心却很忧郁，仿佛有化不开的冰。

《自卑与超越》里写道："每个人都有种不安全感，每个人都在试图寻找一种安全感，只为更好地保护自己。"

这个时代的反省太少了，时代浅薄到一定程度，社会的戾气就会开始发酵。但更可悲的是，我们的教育是逐渐窄化的，它只注重个人成功，完全忽略了个人能为这个社会带来什么。

人还是那些人，只是人们的关系越发淡漠了。

世界上哪儿有那么多人可以依靠？以前，我总希望别人给我安全感，在一次次心灰意冷之后，我渐渐地习惯了自己给自己安全感。

大一的新鲜感褪去，大二的无助感渐渐让人迷失。大概是怕失去，所以每个人好像都活得那么努力，却又那么小心翼翼。这个世界上，没有哪个人能真正活得得心应手，游刃有余。

很多大学生不确定自己以后考研还是找工作，找本地的工作还是外地的工作，找自己本专业的工作还是做自己喜欢的事……四年时间，足够让一个人忘记曾经改变世界的勇气，变得小心翼翼，越来越没有安全感，然后随波逐流。我不想要这样的人生。

没钱的时候希望有钱，生病的时候希望健康，孤独的时候希望幸福。人正因为有了这些念想，才过得踏实，才过得有安全感，才有了生活的勇气，甚至改变世界的勇气。最怕的就是心生绝望，习惯性地告诉自己：随缘吧！

太缺乏自愈力又太容易受伤，这是典型的逆商低的表现。必须降低欲望，不贪图荣华富贵，从而远离刀枪棍棒。得不到的，就不要拼命去张望，别去欠自己还不起的账。千万别等到自己崩溃的那一天，对着自己咆哮的灵魂说："没办法了，你随意吧！"时间无涯的残酷在于，它不等任何人。别让时代的进步成为你个人的悲哀。

《悟空传》里说："原来一生一世那么短暂，原来当你发现自己所爱时，就应该不顾一切去追求，因为生命随时会终止。"命运是大海，当你能够畅游时，你就要尽情游向你的所爱，因为你不知道狂流什么时候会来卷走一切梦想与希望。你本可以随便选、将就过，只是人活得再麻木，也欺骗不了自己的灵魂。

之前我也以为，这辈子也就这样了，惶惶终日，炊烟流水，悠长岁月，如此而已。现在，我想活得真实，活出自己想要的样子。自己给自己安全感，即使活不成一个传奇，也要勇敢面对挫折。做一个高逆商的普通人。谁能说，一个快乐的普通人的心里，没有天堂？

第四节

努力看得见：你一定要努力，不然怎么做保护家人的墙？

记得小时候，爸妈在外面打工，一年只能看到他们两次。每次爸爸妈妈回来的时候，都会给我带夹心饼干吃，那时候的夹心饼干是现在的山珍海味也比不上的幸福。当时的我，一个瘦弱的小孩，只有弹珠、卡通画片、陀螺陪伴着，所以几个月回来一次的爸爸妈妈带来的一包夹心饼干就能照亮我整个童年。奶奶说："孩子，你长大了就会离开这个小村子，去坐飞机、坐火车，去到外面更大的世界。"那时候的我拼命地想长大，去追逐那个我梦想中的世界。

从那时起，"争气"就成了我人生最重要的座右铭，我只有争气才能对得起爸妈付出的血汗。所以即使爸爸妈妈不在，我也很听话，认认真真地写作业，每次的成绩都不错。初中的时候，我有了妹妹，妈妈回来了，我也结束了"留守"的童年。

那时家里想盖楼房，拆了家里的土房。可我家只有两间地基，为了盖三间地基的房，爸爸几乎跑断了腿。有一天晚上，爸爸回来说："房子可能暂时盖不了了。"我在临时搭的帐篷里听到了这句话，我永远也忘不了爸爸说完后眼里的落寞和妈妈眼角落下的眼泪。我的爸爸很普通，但他很认真勤劳。这几年，我们家的条件稍微转好，虽然不是大富大贵，但也不像之前那么捉襟见肘。现在，我真的庆幸提早看到了人情冷暖，让我有了高逆商，去面对人生后来的磕磕绊绊。

网络上有句话这么说："你小的时候，别人会看你的家人是谁而决定如何对待你。你长大了，别人会看你取得的成就而决定如何对待你的家人。你落魄，自然会被人瞧不起，现在不加油，以后撅着屁股让人打，人家也懒得打。"这虽然是糙话，但话糙理不糙。成年人的世界里讲究势均力敌，你所在的阶层会限制你的视野和认知，但任何事都不会阻止你到达终点。而你以后的成就，你努力的结果会决定别人怎么对待你的家人。

　　我亲眼见识过我所在阶层的眼光的狭隘。也许哪儿都是这样，你对我有好处，我靠近你；你对我没好处，我漠视你。你不能给别人带去好处只能被大家漠视，这不是危言耸听，这是赤裸裸的现实。

　　时间真快，一转眼我就到了大学，我拼命地想独立，急于摆脱父母的束缚，殊不知他们的怀抱成为我回不去的牵挂。大学之后，我和爸爸唯一的联系是每月要生活费的时候，后来不问他要钱了，我们连这唯一的联系也少了，而且爸爸每次挂电话的速度都很快，我记得最短的时候只用了六秒。后来才知道，父亲是因为觉得自己没上过学，已经和我有了不同的知识结构和世界观体系，所以不能再给我指引正确的道路了。父爱是隐晦的，然而当时的我感受不到。从那以后，我开始不断地向他倾诉自己遇到的一些麻烦，寻求他的帮助。其实很多时候他还是给不了我清晰的人生建议，但是无所谓了，我想要的也并不是这个，我就是怕他觉得我长大了，不需要他了。

　　朋友说我特别努力，努力到令他无地自容。其实我并不努力，我只是知道浪费时间的行为纯属愚蠢的表现。我知道留给我的时间已经不多了，我怕我成长的速度要赶不上父母老去的速度。我不想一直觉得还有后路，一直觉得能依靠父母，我长大了，已经没有理由再选择舒舒服服地混迹大学生活了。

我从零开始，努力写文章，运营公众号。关于写作的书，我看了不下二十本，指导写作的文章也看了不下一百篇，并一一做了笔记。我很庆幸我的家风良好，让我知道了做一件事就要认真做好，要不压根就不要开始。

渐渐地，我会收到一些朋友的打赏，收到一些转载请求，甚至还会收到约稿。我默默地写，默默地学，默默地努力，就这样存了自己的第一笔钱。妈妈和妹妹是同一天过生日，回家时我用自己攒的钱买了两个蛋糕，然后拿出了所有积蓄给爸爸买了部手机。

我们一家很开心地唱着生日歌吃着蛋糕，我拿出手机："爸，这个月 26 号是你的生日，我提前给你买了生日礼物。"他没有说话，我知道他本就不善言谈。我教他怎么用微信，怎么用手机阅读器看书，怎么放音乐，像他当年教我怎么骑车，怎么跑步，怎么认真做人一样。我看见了他拿着手机的手在颤抖，我猜他是高兴的，因为他看见他的儿子正在长大。

朋友还追问了我一句："你为什么要这么努力，大学不应该活得自在一点吗？"因为我忘不了那个有着两间土坯房的家，也忘不了妈妈为盖楼房落下的泪；我忘不了父母每次离家背着帆布包的背影，也忘不了那两双撑起我们家的手；当然，我也记得爸爸拿到手机时的颤抖，记得全家在唱生日歌时的欢笑。

我只想起了一句话——哪有什么岁月静好，不过是有人替你负重前行。父母以数倍的血汗为我换来了安逸生活，他们只是在我面前显得风轻云淡而已。

大学是很自由，每个人都可以有自己的选择。高中时，我们觉得上了大学就轻松了，我可以选择安逸，也可以选择平平淡淡就这样度过。但我不想停滞不前，我想靠自己的努力去追求我想要。

我要让家里的生活变得更好，不求大富大贵，但求小富即安。我也希望以后的我，可以在阳光下散步，也可以在风雨中奔跑。我不想一帆风顺，我想多经历一些，多看看这个世界。我不能白来一趟，我要看看太阳，也看看月亮，再找一个我爱的人一起走在人潮拥挤的大街上。如果人生真的那么寡淡，那么安逸，我会不会是现在的模样呢？

我知道我现在的努力有什么意义。做一个努力的人的好处是，人人见了都想帮你，如果你自己不做出一点努力的样子，人家想拉你一把都不知道你的手在哪里。培养提高逆商并不是为了获取世俗成功，亦不是为了去超越他人，只是为了让我们的心灵得到平衡与满足。

第五节

不用在意别人怎么看，
你只需做好自己

很久以前，我试探着问过朋友稀饭一个问题："你在乎别人怎么看你吗？"

"说不在乎是假的，但要记得你是怎么评判自己的。"稀饭很认真地回答。

"那你是怎么保持自我的？"我接着问。

五分钟后，稀饭发来了这些话："之前的我很在乎别人的看法，我怕我的野性与不羁，会让人特别反感；我怕我全心全意对待别人，也得不到他们的回应；我怕我给别人的答案不好，对别人没有帮助。但这样的我，活得好累好辛苦。虽然我发现我不可能不在意别人的看法，但对别人提出的看法，我会在心里评判，我是该坚持自我还是采纳建议……"

看着他的话，我想了很久。不知为什么，我们会因为别人的话难受好久，我们在意别人怎么看自己，我们装作强大，然后一个人的时候独自舔舐伤口。谁不想活成自己喜欢的样子？但无数人在别人的影响下，活得失去了自我。朋友说成熟稳重的人靠谱，就开始装作老成；同学说乐于助人的人讨喜，就开始变得热心。可是最后却把自己给弄丢了。殊不知在意别人的看法正是低逆商的表现，越在意别人怎么看，就越会在别人的目光中失去对自己人生的掌控。

其实设想一下，你每天做的多少事和别人有关系呢？那些对你有看法的人在你心里的比重值得你如此费心费神地揣摩他们的用意吗？我想了一下自己，发现很事都只对我本人有意义，和别人关系不大。那些对我有看法的人，都是一些和我三观不合或者之前有过矛盾的人。试问：对于这种人的评价，我还需要心潮澎湃地费心来反驳吗？不，我只需要坚持自我，跟随自己的心。

其实，比在意别人更可悲的，是自己的逆商低，让自己成了玻璃心。一个玻璃心的人，总为别人的几句风言风语黯然神伤，想想都觉得可怜。爱因斯坦先生在生活上不拘小节，总是穿着一件破旧的大衣上街。他的朋友说他穿得太不得体了，会被人笑话的。但爱因斯坦却回答："那又怎样，反正他们都不认识我。"在他因为相对论而风靡全世界之后，他依旧穿着那件旧大衣上街。他的朋友说："你这会儿是名人了，穿得太不得体了，会被人笑话的。""那又怎样，反正他们都认识我了。"爱因斯坦先生无所谓地回答。

内心强大的人足以无视世俗的眼光，所以你要让自己变强。一旦你变得足够强大，便会觉得世俗的规训不过如此。当你变得越来越成熟，就会越来越不在乎别人的评价，因为你知道自己不容易。当你变得越来越成熟，就会越来越少地去评价别人，因为你知道他们也不容易。不在乎别人怎么看，不在乎一些和自己无关的事，不是盲目自大，而是在自己没有错的时候，坚守本心，即使面对流言蜚语和有色眼镜，依然可以觉得无所谓。你觉得我优秀或者不优秀，那又怎样呢？我又不是依靠你的认可而活。你觉得我坏、我无能、我难看，那又怎样呢？我爱的人依然爱我。你说我太野性、太不羁，那又怎样呢？我的朋友依然陪伴在侧，这就够了。我全心全意对你，你不想和我做朋友了。我无所谓，少了你一个朋友又怎样呢？只要对你已足够用心，我便问心无愧。现在的我，不在乎别人的评价，也不随便评价别人。我会全心全意对待我身边的每一个人，但我也永远不会放弃我坚持的事。

　　前天和朋友聊天，想拉她进一个写作群一起交流，她狠狠地拒绝了，还劈头盖脸地对我说："我发现你现在有一种凌驾于他人之上的优越感，这种感觉会让别人觉得你很无礼，你可能会为此付出代价。"那天晚上，我辩驳了很久。凌晨，我想明白了。

　　我习惯了向好友分享我取得的成绩，可能这些风轻云淡的分享刺激了他们的自尊，对此我很抱歉。生而为人，在这个世界生存，我们和动物不同的一点是，我们渴望尊重，渴望成就感，渴望得到别人的认可，希望被别人记得。这些都是人所追求的。我追随本心，一些流言蜚语就随他去吧。

　　对酒当歌，人生几何？譬如朝露，去日苦多。为了明白这些道理，我们已经浪费了太多时间，为什么不能开始认认真真地做自己呢？

　　这个世界已经够糟糕了。每天不如人意的事已经够多了。想要应对每天令人不开心的事，提高逆商就显得尤为重要。既然现实就是这样，为什么还要这么在意别人怎么看？认认真真做自己，也是修炼逆商的关键。

　　我从来没在乎过别人看我的方式，我脚下的影子从来不肯试图像谁——希望我们都能活出自我。

图书在版编目（CIP）数据

所谓逆商高，就是心态好 / 李腾著 . -- 南京 : 江苏凤凰文艺出版社 , 2020.6
ISBN 978-7-5594-4785-2

Ⅰ . ①所… Ⅱ . ①李… Ⅲ . ①成功心理 – 通俗读物
Ⅳ . ① B848.4-49

中国版本图书馆 CIP 数据核字 (2020) 第 059784 号

所谓逆商高，就是心态好

李腾 著

责任编辑	王昕宁	
特约编辑	苟新月	申惠妍
装帧设计	尧丽设计	
责任印制	刘 巍	
出版发行	江苏凤凰文艺出版社	
	南京市中央路 165 号，邮编：210009	
网 址	http://www.jswenyi.com	
印 刷	三河市海新印务有限公司	
开 本	880 毫米 ×1230 毫米 1/32	
印 张	6.75	
字 数	100 千字	
版 次	2020 年 6 月第 1 版 2020 年 6 月第 1 次印刷	
书 号	ISBN 978-7-5594-4785-2	
定 价	39.80 元	

江苏凤凰文艺版图书凡印刷、装订错误可随时向承印厂调换